兰州大学马克思主义学院"马克思主义理论学术著作丛书"
丛书总主编 ◎ 张新平

当代社会生命道德教育研究

彭舸珺 ◎ 著

中国社会科学出版社

图书在版编目(CIP)数据

当代社会生命道德教育研究 / 彭舸珺著 . —北京：中国社会科学出版社，2018.8

ISBN 978-7-5203-2977-4

Ⅰ.①当… Ⅱ.①彭… Ⅲ.①生命伦理学-教育研究 Ⅳ.①B82-059

中国版本图书馆 CIP 数据核字(2018)第 185065 号

出 版 人	赵剑英
责任编辑	任　明
责任校对	郝阳洋
责任印制	李寡寡

出　　版	中国社会科学出版社
社　　址	北京鼓楼西大街甲 158 号
邮　　编	100720
网　　址	http://www.csspw.cn
发 行 部	010-84083685
门 市 部	010-84029450
经　　销	新华书店及其他书店
印刷装订	北京君升印刷有限公司
版　　次	2018 年 8 月第 1 版
印　　次	2018 年 8 月第 1 次印刷
开　　本	710×1000　1/16
印　　张	13.75
插　　页	2
字　　数	225 千字
定　　价	75.00 元

凡购买中国社会科学出版社图书，如有质量问题请与本社营销中心联系调换
电话：010-84083683
版权所有　侵权必究

《马克思主义理论学术著作丛书》
编审委员会

主　任：张新平

副主任：蔡文成　杨宏伟

编　委：(按姓氏笔画)

　　　　马云志　王学俭　王维平

　　　　刘先春　汪金国　张新平

　　　　倪国良　蔡文成　蒙　慧

序　　言

　　一个多世纪以前，马克思提出科学论断：问题是时代的声音、实践的起点。马克思主义最可贵的理论品格是与时俱进，作为科学的理论和开放的理论体系，马克思主义是随着时代的发展、在回答时代提出的问题中不断的丰富和发展的。马克思主义之所以具有强大的生命力、感召力和影响力，就在于它能在不断发展的实践的基础上深刻地洞察时代本质，科学地回答时代问题，及时地拓展时代视野，正确地把握时代方向。马克思主义的每一次创新发展都带来了世界社会主义运动的发展和进步，都推动了世界历史的发展进程。

　　中国化的马克思主义，是马克思主义的科学理论同中国革命、建设和改革的时代特征和历史实践相结合的产物，是中国共产党人把马克思主义基本原理应用于中国所处的时代和中国的实际，在解决中国革命、建设和改革的历史进程中所面临的重大时代问题和现实问题中所形成的科学的理论体系。因此，它正确地回答了中国所面临的问题、科学地把握了中国发展的方向，推动了中国社会的发展与进步。

　　仅就中国改革开放的历史来看，今年，中国的改革开放已经走过了40年的历程，40年来中国人民在中国共产党的领导下，以一往无前的进取精神和波澜壮阔的创新实践，谱写了中华民族自强不息、顽强奋进的壮丽史诗。中国的面貌发生了历史性的变化。这是一个中华民族发展的时代，创新的时代。早在1982年党的十二大上，邓小平就坚定地宣告："把马克思主义的普遍真理同我国的具体实际结合起来，走自己的路，建设有中国特色的社会主义。"此后，我们党的理论创新和实践探索，都是紧紧围绕中国特色社会主义这个主题展开的。可以说，中国特色社会主义是改革开放以来我们党的全部理论和实践的主题。党的十三大提出"沿着有中国特色的社会主义道路前进"，十四大将"加快改革开放和现代化建设步伐，夺取有中国特色社会主义事业的更大胜利"作为主题，十五大的主题是"高举邓小平理论伟大旗帜,把建设有中国特色事业全面推向二十一世纪",十六大的主题是"全面建设小康社会,开创中国特色社会主义事业的新局面",十七大的主题是"高举中国特色社会主义伟大旗帜,为夺取全面建设小康社会新胜利而奋斗",十八大的主题是"坚定不移沿着中国特色社会主义道路前进,为全面建成小康社会而奋斗",去年召开的十九大则明确提出"决胜全面建成小康社会,夺取新时代中国特色社会主义伟大胜利"。从十三大到十九大,中国特色社会主义这一主题一以贯之!

  回顾40年来中国共产党的理论创新和实践探索,可以清晰地看到,40年来,中国共产党坚持把马克思主义基本原理应用于中国实际,团结带领全国各族人民不懈奋斗,推动我国经济实力、科技实力、国防实力、综合国力进入世界前列,推动我国国际地位实现前所未有的提升,党的面貌、国家的面貌、人民的面貌、军队的面貌、中华民族的面貌发生了前所未有的变化。经过长期努力,中国特色社会主义进入了新时代。40年来,中国共产党和中国人民始终坚持与时俱进的精神状态,围绕着"什么是社会主义、如何建设社会主义?""建设一个什么样的党、怎样建设党?""实现什么样的发展、如何发展?""坚持和发展什么样的中国特色社会主义、怎样坚持和发展中国特色社会主义?"等重大理论和现实问题,不断推进马克思主义中国化,使马克思主义理论在与中国现代化建设丰富实践相结合的进程中不断创新发展,先后形成了邓小平理论、"三个代表"重要思想、科学发展观、习近平新时代中国特色社会主义思想等重大理论成果,中国特色社会主义理论体系得以不断丰富发展。特别是党的十八大以来,以习近平同志为核心的党中央创立的习近平新时代中国特色社会主义思想,作为马克思主义中国化的最新成果、作为中国特色社会主义理论体系的重要组成部分,为新时代中国的进一步发展奠定了坚实的理论基础,指明了前进的方向。40年改革开放的历史事实也进一步证明,中国特色社会主义的深化过程,是改革开放和社会主义现代化建设不断发展的实践探索过程,也是马克思主义理论与中国实际不断结合的理论创新过程,每一次的思想突破和理论创新,都带来了中国经济的腾飞和社会的进步。

  显然,中国改革开放40年波澜壮阔的历史进程是中国社会不断进步的历史进程,也是马克思主义在中国不断丰富发展、马克思主义中国化取得重大成果的进程。面向未来,中国共产党要带领全国各族人民继续奋斗，实现"两个一百年"的奋斗目标和中华民族伟大复兴"中国梦"，这一进程还任重而道远。为此，习近平指出："我国哲学社会科学的一项重要任务就是继续推进马克思主义中国化、时代化、大众化，继续发展21世纪马克思主义、当代中国马克思主义。"从这一历史任务和时代要求出发，用马克思主义和中国化的马克思主义统领我国的哲学社会科学工作，坚持把马克思主义基本原理与当今时代和中国发展的实际结合起来，开展创新性研究就成为中国哲学社会科学工作者义不容辞的责任。

以高度的文化自觉和坚定的文化自信，建设具有中国特色、中国风格、中国气派的哲学社会科学、引领中国经济社会发展和文明进步，是兰州大学哲学社会科学工作者始终不渝的追求和义不容辞的责任。110年来，一代代兰大人秉承"自强不息、独树一帜"的兰大精神，直面清贫、乐于奉献、淡泊名利、严谨治学，书写出百年兰大辉煌的历史篇章，奠定了兰州大学百年厚重的人文底蕴。作为西部地区马克思主义研究和教学的重镇，兰州大学马克思主义学院经过改革开放以来40年的建设和发展，学院目前已经发展为拥有马克思主义理论一级学科博士后科研流动站、博士点、硕士点和两个本科专业的教学和科研实体，形成了层次完整、学科完备的人才培养体系。在长期的教学科研实践中，学院汇集了一支结构合理、教学科研能力突出的马克思主义理论专业人才队伍，产出了一批充分反映马克思主义中国化最新成果、充分反映中国特色社会主义丰富实践、充分反映马克思主义理论学科发展前沿的研究成果，特别是在马克思主义基本原理、中国特色社会主义理论与实践、党的建设、思想政治教育、马克思主义国际关系理论与中国对外关系研究等方面，形成了一批有特色、有影响的高质量研究成果。

为了深入推进马克思主义中国化、时代化、大众化，坚持和发展中国特色社会主义，构建具有中国特色、中国风格、中国气派的哲学社会科学体系，进一步提升兰州大学哲学社会科学研究能力和水平，促进兰州大学马克思主义理论学科内涵建设，为繁荣国家哲学社会科学事业、为国家马克思主义理论人才培养做出自己的贡献，兰州大学马克思主义学院以学院教师为主体，联合相关高校及研究机构的专家学者，组织研究团队，开展学术攻关，主要围绕马克思主义原理、党的建设、思想政治教育、中国外交等选题，编写"马克思主义理论学术著作丛书"。目前，列入该套丛书主要有：《马克思、恩格斯、列宁、斯大林论共产主义》、《中国共产党论共产主义》、《现当代西方思想家论共产主义》、《中国共产党科学化建设研究》、《中国共产党文化自觉研究》、《改革开放以来中国共产党干部教育研究》、《科学发展观的伦理蕴涵研究》、《彷徨与呐喊——青年信仰危机与信仰教育研究》、《思想政治教育协同论》、《社会主义核心价值观仪式化传播研究》、《当代社会生命道德教育研究》、《儒家教化思想研究》、《时尚文化与青年发展》、《中华人民共和国对外关系重要文献导读》、《当代中国外交理念发展研究》等十余部。

为了促进兰州大学马克思主义理论学科的进一步发展，我们将这套丛书设定为研究性、开放性和学术性的丛书，不断吸纳新的学术研究成果，丰富和拓展研究内容。我们希望这套丛书能充分反映兰州大学马克思主义学院的学术发展历程，展示学院科学研究成果，凸显学院的研究特色，增进与同行的学术交流，推动马克思主义理论研究的发展，为我国马克思主义理论学科的繁荣做出贡献。

当然，我们深知，科学研究是永无止境的事业，学科建设与发展、理论探索与创新绝非一朝一夕之事，它需要我们坚持不懈地努力和一代又一代人的接续奋斗。值得欣慰地是，我们处于一个国家创新发展伟大时代，正如习近平指出的，"当代中国正经历着我国历史上最为广泛而深刻的社会变革，也正在进行着人类历史上最为宏大而独特的实践创新。这种前无古人的伟大实践，必将给理论创造、学术繁荣提供强大动力和广阔空间"。我们坚信，只要坚持马克思主义的基本立场、基本观点和基本方法，坚持以马克思主义和中国化的马克思主义为指导，坚定中国特色社会主义道路自信、理论自信、制度自信、文化自信，积极投身中国特色社会主义伟大实践，潜心研究、勇于探索、自强不息，就一定能够取得更加丰硕的成果，为马克思主义理论研究和哲学社会科学的繁荣贡献我们一份力量。

丛书编审委员会主任　张新平
2018 年 8 月 20 日

目 录

导论 ……………………………………………………………… (1)
    一 研究的缘起与意义 ………………………………………… (1)
    二 研究现状 …………………………………………………… (2)
    三 研究思路与研究方法 ……………………………………… (7)
    四 研究创新之处及反思 ……………………………………… (8)

第一章 生命道德教育的科学内涵 ……………………………… (11)
  第一节 生命的解读 ……………………………………………… (11)
    一 生命的起源 ………………………………………………… (11)
    二 生命的定义 ………………………………………………… (13)
    三 生命的特征 ………………………………………………… (15)
  第二节 生命道德与生命道德教育 ……………………………… (19)
    一 道德解析 …………………………………………………… (19)
    二 生命道德的提出 …………………………………………… (22)
    三 生命道德的界定 …………………………………………… (24)
    四 生命道德教育的界定 ……………………………………… (26)
    五 生命道德教育的功能 ……………………………………… (29)

第二章 生命道德教育思想的历史考察 ………………………… (37)
  第一节 中国文化中的生命教育思想 …………………………… (37)
    一 中国古代有关生命的伦理思想 …………………………… (37)
    二 中国近代关注生命的教育思想 …………………………… (43)
  第二节 西方文化中的生命教育思想 …………………………… (44)
    一 古希腊罗马时期的生命教育思想 ………………………… (45)
    二 近代西方的生命教育思想 ………………………………… (47)

三　现代西方的生命教育思想 …………………………………… (49)

　第三节　马克思主义生命思想 ……………………………………… (51)

　　一　马克思有关生命本质的观点 …………………………………… (51)

　　二　马克思关于生命价值的观点 …………………………………… (53)

　　三　马克思关于人的全面发展的观点 ……………………………… (55)

第三章　生命道德缺失的现实表现与原因 …………………………… (57)

　第一节　生命道德缺失的现实表现 ………………………………… (57)

　　一　漠视生命现象 …………………………………………………… (57)

　　二　对自然的征服和掠夺现象 ……………………………………… (67)

　　三　生命意义迷失现状 ……………………………………………… (69)

　第二节　生命道德缺失的原因探析 ………………………………… (71)

　　一　生命道德教育主体因素 ………………………………………… (72)

　　二　生命道德教育客体因素 ………………………………………… (77)

　　三　生命道德教育环体因素 ………………………………………… (88)

第四章　生命道德教育的对策 ………………………………………… (101)

　第一节　对于教育主体应采取的相关对策 ………………………… (101)

　　一　提升主体的人文教育理念 ……………………………………… (101)

　　二　明确教育要融入生活 …………………………………………… (110)

　　三　教育理念要注重生命个性 ……………………………………… (112)

　第二节　对于教育客体应采取的相关对策 ………………………… (114)

　　一　援助客体的手段 ………………………………………………… (114)

　　二　教育客体的内容 ………………………………………………… (121)

　第三节　对于教育环体应采取的相关对策 ………………………… (145)

　　一　宏观环境方面 …………………………………………………… (145)

　　二　微观环境方面 …………………………………………………… (157)

第五章　生命道德教育的方法与载体 ………………………………… (166)

　第一节　生命道德教育方法的创设及运用 ………………………… (166)

　　一　生命道德教育方法的含义 ……………………………………… (166)

　　二　生命道德教育方法的创设及运用 ……………………………… (168)

第二节　生命道德教育的载体及运用 ………………… (177)
　　一　生命道德教育载体的内涵 ……………………… (177)
　　二　生命道德教育载体的分类及运用 ……………… (178)

结语 …………………………………………………………… (186)

参考文献 ……………………………………………………… (191)

后记 …………………………………………………………… (206)

导 论

一 研究的缘起与意义

生命是美好的，但并不是每个人都能够珍惜生命，懂得去欣赏生命的多姿多彩，发现生命的意义和价值，享受生命的快乐和幸福。

在报纸、电视和网络上，我们经常能看到生命逝去的报道，不论这些生命是如何逝去的，或是天灾，或是人祸，都让人痛心不已，尤其是生命之花还来不及绽放的青少年，更让人扼腕叹息；而战争频发、生态破坏、环境污染使我们赖以生存的世界满目疮痍。这些是我们能够看到的悲剧，但更多的悲剧是在悄然发生的，比如损害健康、放纵欲望，等等。人类迷失了方向：灵魂没有归宿，生命意识淡漠，生命意义缺失……总之，生命道德被遮蔽。

道德，作为一种社会准则，正是帮助人们融入社会、确立信念、把握前进方向、鼓舞人性向善的标杆，是使人获得生命支撑的重要力量。因此，无论是人的个体生命还是社会生活本身，都离不开道德和道德教育。处在社会转型时期和多元文化背景下，人们更要反思和更新那些不适应的道德和道德教育观念，阐发并形成新的、有解释力和影响力的理论。① 当代对道德的思考扩展到了历史、文学、人类学和社会学等各个领域。作为多维度的道德，探讨人类生活的不同领域的善，相对于传统伦理学的抽象逻辑论证，更要求深入考察社会各领域的现实或曾经的现实，考察各领域特殊的真实的现象，体现对社会现实生活的伦理观照。人类存在和发展的道德目标是增进全社会和每个人的利益总量的最大化，是至善。实际上，真善美的统一问题，关键是如何达到的问题。至善的实现需要独立的人格和健全的判断力，需要高尚的情操和良好的修养，也需要对个人、家庭、国家、天下有责任感，对人类的命运有担当。"道德教育应是一种超越"，

---

① 刘慧：《生命德育论》，人民教育出版社2005年版，总序第1页。

要能使人从基础道德中超越出来，做一个富有精神内涵的人、一个具有真实人性而非生物性的人、一个至善的人。

生命道德的提出，在于使道德重新回归人类生命本体，在反思传统道德价值观的同时，提出与时代发展相呼应的道德价值体系，使道德的教育和感化功能得以加强。所谓生命道德教育，就是遵循生命之道，了解生命的独特性、超越性、有限性、意义性，欣赏生命、热爱生命，培养人的个性，实现生命价值，焕发生命之美，追求积极向上的人生意义，以人的生命为本，使人获得全面发展的教育，它是德育的组成部分之一，是整个教育的原点。生命道德教育的目的就是教育人们珍惜生命、热爱生命，活在当下，善待自己和其他生命，快乐幸福地生活。

生命道德教育研究是一个既具有理论价值又具有现实意义的研究课题。从生命的视角考虑道德教育问题，就是为了给道德教育寻找自己的根，进而提高对生命的关注度。人是道德的主体，道德是人的道德；同时，人又是生命的载体，人的一切。人怎样认识生命、怎样理解生命、怎样对待生命，会影响人对人、对社会、对自然的关系。在一定程度上讲，有怎样的人与生命的关系，就会有怎样的人与人、人与社会、人与自然的关系。所以，从人的生命之维思考道德教育问题，就是要回到生命、通过生命、为了生命，在道德教育中凸显生命意识的价值。生命还是道德教育之所以可能的根源所在，将生命纳入道德教育的视野，尤其是在今天人们普遍感到生活压力加大、精神高度紧张、灵魂无法安顿等状况下，道德教育只有为人们真正起到精神安抚、精神家园（归宿）和精神提升的作用，才能实现生命本身的道德教育价值，也更有利于道德教育"有效性"的实现。

关于生命道德教育的研究是道德教育研究的前沿问题，对其进行研究的还比较少。本书以"当代社会生命道德教育研究"作为论题进行研究，目的是希望通过研究，力图为道德教育开辟一个新的领域，对生活在现时代的人们有所裨益。

二 研究现状

（一）国外对生命道德教育的研究

"生命教育"（Life Education）的概念最初是西方国家提出来的，1968年美国的杰·唐纳·华特士开始倡导和践行生命教育思想。1979年澳大利亚悉尼成立"生命教育中心"（Life Education Center，LEC）。进入20世纪下半叶以来，一些国家开始明确提出生命教育与敬畏生命的道德教育，其重点不仅仅是将教育的理念建立在顺应人的自然发展上，而是更注重帮助个体生命如何健康地成长，如何美好地生活。杰·唐纳·华特士的《生命教育》被中国台湾学者誉为21世纪生命态度的新观点。美国的彼得·麦克菲尔创立的体谅道德的教育模式，编写的《生命线》（Life Line）系列道德教育教科书，倡导从个体经验到其他人的经验再上升到人类经验，即普遍行为准则的认识路线。目标是使学生学会关心和发展深思熟虑的生活。书中指出，不应当将道德教育降低到仅仅分析规则和禁令上，而应该激发每个人作为人类一员应具有的人性感，培养利他主义精神。冯增俊的《当代西方学校道德教育》中指出，在麦克菲尔的总计划中，道德教育的宗旨就是要使个人摆脱那些破坏性和自我损害的冲动。日本1989年修改的新《教学大纲》，针对日本社会青少年的自杀、欺侮、杀人、破坏自然环境、浪费等现象日益严重的现实，明确提出以尊重人的精神和对生命的敬畏之观念来定位道德教育目标。在乌克兰，2001年开始实施的新教育法规已经制定了关于怎样保证、完善儿童健康的规定，其学校教育中珍爱生命的教育就是健康教育，并开设《生命科学》基础课来实施对学生的保护、休息、吸收营养。拉塞斯的《价值与教学》中指出，价值观来自个人的生活经验，不同的生活经验产生不同的价值观。拉塞斯等人将价值观选择过程归属于选择、赞赏、行动三个部分。生命哲学的代表人物、法国哲学家伯格森认为，生命是一种冲动，一种向上的冲动，生命的本质是创造。苏联著名的伦理学家德罗布尼斯基在《道德的概念》一书中曾深刻指出不要把道德从人的活动中分离出来。道德不是区别于社会现象中其他现象的特殊现象，道德渗透在社会生活中。美国拉瑞·P.纳西著的《道德领域中的教育》侧重从心理的角度来描写道德教育中对生命关怀的重要性，即通过创设积极的道德氛围、运用发展性的纪律、给学生提供个人自我评价和思考的机会、设定道德教育责任等教育过程，可以培养学生的道德自我。美国是世界上实施生命教育最早的国家，早在20世纪就开始探索生命教育问题，最初是以死亡教育的形式出现，让孩子树立正确的生死观念。

20世纪50年代以来，美国先后进行了5次教育改革，每一次都关注生命道德教育。1994年，克林顿签署《2000年目标：美国教育法》，确定美国 2000 年的 8 项教育目标。其中就规定了在学校不允许喝酒，杜绝毒品和校园暴力，实施反欺辱运动。学校要和家长结成伙伴关系，家长要积极参与学校教育。英国推行以公民教育为主的生命教育。1986 年初，英国建立第一个生命教育流动教室。英国的生命教育是培养"全人"的教育，强调公民教育必须成为中心课程的一部分。通过国家干涉、政府参与推行生命教育，建立以促进学生心灵、道德为重点的公民教育，以加强学生的心理健康。

国外研究的重点不仅仅是将教育的理念建立在顺应人的自然发展上，而是注重帮助个体生命如何健康的成长，如何过美好的生活。这些，对我们也有所启发。

（二）国内对生命道德教育的研究

网上资料显示，2000 年末以来，中国台湾、香港地区的生命教育如雨后春笋般涌现。台湾最近新的教改方案已将生命教育纳入其中，明确提出，生命教育是教人活得自在、活得舒坦、过得安详、快乐的教育，也是为自己找出适合自己的生命定位的教育。香港的生命教育是从宗教角度开展的，并创建了"宗教与人生——优质生命教育的追寻"生命教育网站。生命教育研究是因为学生不珍惜生命，校园暴力、自杀行为层出不穷的现实问题而兴起的，所以它一开始便与德育问题有所关联。生命道德教育研究兴起之时，德育研究者便开始了对生命教育的德育意义的解读。程红艳在其西南大学硕士学位论文绪论（2002）中指出，道德与生命是息息相关的，要使道德教育不沦为空洞的道德说教，要提高道德教育的实效性，就必须在道德教育中关注生命，使道德遵循生命的原则，并使生命意义能得到进一步的提升。从生命的视角关注道德，德育的目标和方法都会相应地改变。这给我们的德育应教给学生什么样的价值观、如何教导学生，定下了基本的调子。易连云（2005）充分肯定传统文化中"道"与"德"的动态转化及"天之大德曰生"所蕴含的丰富生命意识，提出在新的历史时期应重新审视与理解传统文化中的道德内涵，以现代意义诠释传统道德，以"生命·实践"为目标构建新的道德教育体系，重建道德教育生命基础。

叶澜教授在她的高等学校教材《教育理论与学校实践》一书中，把"生命作为教育的基础"，在本体论上阐发了生命对教育的基础性价值。哲学家黄克剑对生命教育的认识较为根本和深入。在张文质的《回归生命化的教育——黄克剑先生访谈录》中，他指出教育有三件事情要做：接受知识，开启智慧，点化或润泽生命。这三件事情是相互贯通的，既逐层递进，又相互制约。冯建军、朱小蔓在《小学教育：为生命发展奠基》中指出教育以促进生命发展为根本，就是要促进生命的和谐发展，促进生命的自主成长，促进生命创造性地、富有个性地发展。王琪、刘春芸的《生命是教育之本》论述了生命是教育之根本，是教育的核心，是教育的灵魂。教育只有从面对生命的角度出发，才能展现它的无尽的魅力，也正是面对了生命，才有教师事业的崇高，教育的神圣与崇高就在于它与生命联系在一起。冯建军的《走向生命关怀的教育研究》中指出实证的科学研究以对待"物"的方式对待"人"，在教育研究中已经丧失了鲜活的生命，教育是直面生命的活动，具有生命的品性，指出教育研究必须从"无视生命"走向"生命关怀"。有关生命的存在与发展需要道德教育的观点："学校道德教育必须从远离生命世界的格局中走出来，回归学生的真实生活，关注学生的生命境界。"刘铁芳在《生命的叙述与倾听：道德教化的基本策略》一文中指出人是一种生命的存在，人的生命存在是人德行生存的基础，人的德行生命乃是基于自然生命之上并对自然生命的超越与提升，道德的教化正是基于对个体生命存在事实的关注、引导来实现个体生命从肉身自然形式向德性价值形式的超越与提升。

朱小蔓教授的博士生刘慧在其博士学位论文首次明确提出了"生命道德"的概念。刘慧认为（2002），生命道德就是调整人与自己生命、他人生命以及与他类生命之间关系的道德。生命德育是生命道德教育的简称，顾名思义是对人进行生命道德的教育。即是回到生命之中、遵循生命之道、关爱生命、生命有爱的教育，是德育的重要组成部分，处于基础位置。它有广义与狭义之分。广义的生命道德教育是泛指一切关爱生命、感恩自然、追求生命意义的教育。狭义的生命道德教育主要是专指促进个体生命成为优质自己的教育。所谓的成为自己，是指成为生命的独一无二的自己，使自己生命潜能不断实现的过程，包括成为"生命所是的自己"和"生命能是的自己"。生命道德教育的基本理念包括：以人的生命为本；回归个体生命的境遇、经验和体验；关注个体生命的当下需要；生命叙事是其主要的存在方式。生命道德教育的理论特征：生命性、开放性、促进性、感动性、叙事性。后来，刘慧又在《生命德育论》中，基于生物学的模式，提出生命道德教育，将自身对生命的珍爱和对新生物学的造诣投入生命道德教育的研究之中，是创新之论。

生命道德教育的构建是一个理论性、实践性都比较强的课题。当前关于生命道德教育建设的研究成果较多，但能够系统地研究探讨生命道德教育的理论文章还是比较少的。笔者使用"生命道德"这一关键词，在1999—2012年这一时间段共检索到96篇期刊论文，1篇硕士学位论文。笔者使用"生命道德教育"这一关键词，在1999—2012年这一时间段共检索到35篇期刊论文，3篇硕士学位论文。从不同角度阐述生命道德教育，如：章文丽（2005）认为生命道德教育，顾名思义就是有关生命的道德教育，它包括如何对待生命的道德教育和道德教育如何符合生命需要两个方面。夏婷在《生命道德教育的实施策略研究》（2006）中指出生命道德教育作为德育的一个组成部分而存在，贯穿学生受教育始终，具有生命性、主体性、生活性的道德教育的新形式、新领域。它关注学生整体人生的塑造，让学生认识、感受生命，从而体验、欣赏并珍爱生命，树立正确的世界观、人生观、价值观，从而达到自我实现与完美个性。它是整个教育的原点。杨思平在《生命道德教育及其伦理建构》（2009）中写道：所谓生命道德教育，就是进行整体人生的塑造，是回到生命之中，追求生命真谛，帮助人们探索与认识生命的意义，了解生命的有限性、开放性、感动性，欣赏生命、珍爱生命、体验生命，培养人的个性、完善人的人格，实现生命价值，形成生命理想，绽放生命意蕴。它绝不是单纯的生物学意义上的生命知识的教育，而是上升到人文关怀层面的伦理教育，是对当今道德教育的超越与提升。

道德教育是教育的重要组成部分。在我国的道德教育理论研究中，关于教育与人的研究，或从社会学角度关注人的某一社会特性，或从心理学角度关注某一人格特点。然而，这些研究中不同程度地存在对生命的抽离式的肢解，面对的不是完整的、丰富的、独特的、富有活力的生命，缺乏真正意义上的生命关怀。而另一个突出特点就是过多关注操作层面的一些具体问题，如道德教育的方式、方法、途径、手段等形下的探讨，而不是对道德教育给予更多的形上关注。道德是内在于生命本身的。在以往的研究中恰恰缺乏从这样的角度去考虑问题，对生命与道德的内在关联等前提性观念的研究不够，造成了对道德教育的生命基础研究的缺位，这与20世纪下半叶以来西方及中国港台教育理论研究界所呈现出的"生命取向"的教育价值观相比，已有明显的层面和视角的差距。应该说，我国近十年来的道德教育理论与实践探索，尤其是20世纪末道德教育的当代转型的理论与实践，尽管在某种程度上还是仅限于操作和技术层面，但在一定意义上可以说是围绕着主体性教育展开的，并在一定程度上带有向"促进人的生命发展"这一主题靠拢和与国际接轨的趋势。但应该引起我们注意的是，对问题的审理主要集中在目标上的大而空，重规范不重"人"，重普遍性不重个体性、独特性；方式方法上的重灌输不重理解沟通，重权威不重平等交流，重说理不重生活养成。应该说这些问题抓住了问题之域限，但它们大多都还只是外显出来的问题，只是更多地关涉作为社会性活动层面的教育问题，并没有被置于广阔的社会历史视野之中去梳理问题的来龙去脉，虽然学者提出了生命道德教育的概念，但那些在历史之中真实的个体生命与道德教育之间发生的实际关涉与问题纠缠依然没有被给予足够的关注。综上所述，无论从理论还是实践上看，首先，大多数研究都停留在单纯的道德教育的建设范围，较少从全球化背景中，从整个人类社会发展和文化价值观念转型以及人类生存方式的变革等角度去研究；其次，对道德问题在当代社会的实现机制和实现过程等问题研究不够，较少从当代社会发展和人类实践形态的转型及人的全面发展等意义上探讨这个问题。可以说，在我国道德教育的生命意识已经萌发，但系统深入的研究还很不够。正因为目前的研究人们还没有更多地从生命的视角及我国道德教育的内在逻辑审理问题，这就给我们进一步从生命的独特视角研究道德教育问题提供了思想的空间。

从已收集到的材料看，目前关于生命道德教育的研究主要集中于以下几点：论述提出的时代主题，阐述生命道德的意义，分析生命道德的科学内涵，提出生命道德教育的原则及方针。但这些研究才刚刚起步，还有待于深入地开展研究。生命道德教育的出发点是人的发展，它以人为载体，着眼于生命道德建设，直接服务于人的全面发展，可以预见，今后相关的研究与探索必将引起教育界乃至整个社会更为广泛、深远的关注。

三 研究思路与研究方法

（一）研究思路

本书的研究思路为：首先界定生命道德教育的基本概念，然后对于生命道德教育相关的生命教育思想进行了考察和追寻，接下来指出生命道德缺失的现状及原因，在此基础上提出解决的对策。为了使生命道德教育更好地进行，又进一步阐述了生命道德教育方法的创设及运用和生命道德教育载体的分类及运用。最后对生命道德教育的现实意义进行了初步探讨。

(二) 研究方法

1. 文献法。对生命道德的研究要涉及很多领域，要在充分占有文献资料的基础上，通过发掘、整理、分析，找到有价值的研究文献资料。

2. 历史与逻辑相统一的方法。恩格斯曾指出，必须详细研究各种社会形态存在的条件，然后设法从这些条件中找出相应的政治、私法、美学、宗教等等的观点。在生命道德教育的研究中，应用历史与逻辑的方法，既坚持时代的观点，又提倡科学精神，才能够揭示生命道德教育发展的全过程及其重要特征，才能揭示其理论的逻辑发展和过程的历史真实两者之间的关系，从而达到统一。

3. 理论联系实际的方法。研究生命道德问题，一方面，应以马克思主义理论为指导，研究生命道德的内涵、历史渊源等理论问题；另一方面，紧密联系现实生活，将理论研究与社会现实有机地结合起来，以理论指导具体实践，积极探索生命道德教育的建设和创新之路。

4. 多学科整合研究的方法。现代科学的发展趋势是高度分化与高度综合并存，一方面，各个学科高度分化，其研究越来越专，越来越深入；另一方面，各学科之间又高度综合，密不可分，各学科的研究方法也互相取长补短、彼此融合。本书的研究就包括了思想政治教育学与教育学、心理学、伦理学等多种学科的相关知识，以增强理论深度。

四 研究创新之处及反思

人不仅是实体的存在，更是意义的存在。面对传统文化所建构的意义世界的解体，面对瞬息万变、复杂多样的现代生活，不少人逐渐丧失了支撑起生命活动的价值资源和意义归宿，产生了身心分离的碎片感、疲惫感和无助感。要走出这种困境，德育工作必须改变"纯工具化"理性，赋予更多的人文关怀，包括对生命情感的关怀、对终极信仰的关怀、对社会责任感的关怀和对苦难与死亡意义的关怀，引导人们超越自身的有限性和现实的物质纷扰，追求生的永恒价值。[①] 面对道德教育中出现的生命的

[①] 胡娟：《碎片化的再聚合：高校思想政治工作的两难困境与未来路向》，《文教资料》2007年第7期。

"空场"，2002年，朱小蔓教授的博士生刘慧在她的博士学位论文《生命道德教育——基于新生物学范式的建构》中提出了"生命道德"和"生命道德教育"的概念，填补了德育理论的空白。此后，一些学者对于生命道德教育在不同的角度进行了研究。笔者在前人研究的基础上广泛收集与本书相关的资料，对古今中外的文献资料全面梳理，发现具有研究价值的资料，以自己的"生命感悟"进行分析，整个研究过程也是一趟生命之旅。主要创新之处体现在以下三个方面。

1. 揭示了生命道德教育的功能。生命道德教育在我国还没有引起人们足够的重视，即使受到了一定的重视，但在实际的教育过程中往往没有明晰化，也没有拿出应有的人、财、物来进行必要的实践，因而生命道德教育往往流于形式，没有转化成受教育者的理念和具体行动，这就导致在现代社会中还不断有不珍视生命的悲剧发生。本书从探讨生命道德的内涵出发，围绕生命道德教育这一重要命题，详细分析了其在现实社会中的功能，以引起人们对于生命道德教育的足够重视，促使其在未来社会中发挥应有的作用。

2. 提出了生命道德教育的对策。本书在对生命道德教育基本内涵分析研究的基础上，最终将落脚点放在研究当前生命道德教育对策这一重大现实问题上，提出了生命道德教育的基本对策，以期对生命道德教育的推广有所裨益。生命道德教育的对策要从主体、客体和环体三个大的方面进行，对主体的教育要加强其人文教育理念，使其融入生活，更加注重生命个性教育；对客体的教育要借助各种手段，明晰客体教育的内容；对环体的教育要注重优化其宏观环境和微观环境，使生命道德教育具备必要的条件。

3. 对生命道德教育的方法和载体进行了应用性的分析。生命道德教育不仅要对其主体、客体和环体进行塑造，而且要采取恰当的方法，搭建良好的载体，这样生命道德教育才能事半功倍。本书对生命道德教育的方法、载体进行了应用性的分析，有助于生命道德教育实效性的提高。同时，本书界定了生命道德教育方法、载体的含义，并对当前生命道德教育方法进行了反思，在此基础上提出了生命道德教育的专有方法。这些分析都是以现实中的可操作、应用性为出发点的，对于生命道德教育的顺利推进有重要的意义。

关于生命道德教育的研究是道德教育研究的前沿问题，学界对其进行的研究还比较少。笔者以"当代社会生命道德教育研究"作为论题进行研究，目的是希望通过研究，力图为道德教育开辟一个新的领域，对生活在当今时代的人们有所裨益。尽管在研究过程中笔者做了很多努力，但由于本项研究涉及面太广，又由于个人占有资料以及研究水平的限制，逻辑思维能力、归纳总结能力以及文字表述能力不是很强，使本书的研究存在不少缺陷。如：一些理论问题的研究还不够透彻、准确，一些现实问题的分析还显得粗略、简单，关于生命道德缺失的原因和对策的论述可能尚属一般，生命道德教育的方法和载体尚需拓展，实证资料还需要补充，等等，这些都需要笔者在今后的研究中予以完善。

第一章 生命道德教育的科学内涵

第一节 生命的解读

生命道德教育的落脚点是教育,但这种教育是基于"生命"的。所以,在阐述生命道德教育的相关理论之前,我们首先要探讨有关"生命"的问题。

一 生命的起源

生命起源是一个亘古未解之谜。地球上的生命产生于何时何地?是怎么产生的?人类一直在努力寻求这一谜底。

关于生命起源的问题,很早就有各种不同的解释。近几十年来,人们根据现代自然科学的新成就,对于生命起源的问题进行了综合研究,取得了很大的进展。根据科学的推算,地球从诞生到现在,大约有46亿年的历史。早期的地球是炽热的,地球上的一切元素都呈气体状态,那时候是绝对不会有生命存在的。最初的生命是在地球温度下降以后,在极其漫长的时间内,由非生命物质经过极其复杂的化学过程,一步一步地演变而成的。目前,这种关于生命起源是通过化学进化过程的说法已经为广大学者所承认,并认为这个化学进化过程可以分为下列四个阶段。

从无机小分子物质生成有机小分子物质。根据推测,生命起源的化学进化过程是在原始地球条件下开始进行的。当时,地球表面温度已经降低,但内部温度仍然很高,火山活动极为频繁,从火山内部喷出的气体,形成了原始大气。这些气体在大自然不断产生的宇宙射线、紫外线、闪电等的作用下,就可能自然合成氨基酸、核苷酸、单糖等一系列比较简单的有机小分子物质。后来,地球的温度进一步降低,这些有机小分子物质又随着雨水,流经湖泊和河流,最后汇集在原始海洋中。关于这方面的推测,已经得到了科学实验的证实。1935年,美国学者米勒等人,设计了一套密闭装置。他们将装置内的空气抽出，然后模拟原始地球上的大气成分，通入甲烷、氨、氢、水，并模拟原始地球条件下的闪电，连续进行火花放电。最后，在U型管内检验出有氨基酸生成。氨基酸是组成蛋白质的基本单位，因此，探索氨基酸在地球上的产生是有重要意义的。此外，还有一些学者模拟原始地球的大气成分，在实验室里制成了另一些有机物，如嘌呤、嘧啶、核糖、脱氧核糖、脂肪酸等。这些研究表明：在生命的起源中，从无机物合成有机物的化学过程，是完全可能的。

从有机小分子物质形成有机高分子物质。蛋白质、核酸等有机高分子物质，是怎样在原始地球条件下形成的呢？有些学者认为，在原始海洋中，氨基酸、核苷酸等有机小分子物质，经过长期积累，相互作用，在适当条件下（如吸附在黏土上），通过缩合作用或聚合作用，就形成了原始的蛋白质分子和核酸分子。现在，已经有人模拟原始地球的条件，制造出了类似蛋白质和核酸的物质。虽然这些物质与现在的蛋白质和核酸相比，还有一定差别，并且原始地球上的蛋白质和核酸的形成过程是否如此，还不能肯定，但是，这已经为人们研究生命的起源提供了一些线索：在原始地球条件下，产生这些有机高分子的物质是可能的。

从有机高分子物质组成多分子体系。根据推测，蛋白质和核酸等有机高分子物质，在海洋里越积越多，浓度不断增加，由于种种原因（如水分的蒸发，黏土的吸附作用），这些有机高分子物质经过浓缩而分离出来，它们相互作用，凝聚成小滴。这些小滴漂浮在原始海洋中，外面包有最原始的界膜，与周围的原始海洋环境分隔开，从而构成一个独立的体系，即多分子体系。这种多分子体系已经能够与外界环境进行原始的物质交换活动了。

从多分子体系演变为原始生命。从多分子体系演变为原始生命，这是生命起源过程中最复杂和最有决定意义的阶段，它直接涉及原始生命的发生。目前，人们还不能在实验室里验证这一过程。不过，我们可以推测，有些多分子体系经过长期不断的演变，特别是由于蛋白质和核酸这两大主要成分的相互作用，终于形成具有原始新陈代谢作用和能够进行繁殖的原始生命。以后，由生命起源的化学进化阶段进入生命出现之后的生物进化阶段。

关于生命起源的化学进化过程的研究，虽然进行了大量的模拟实验，但是绝大多数实验只是集中在第一阶段，有些阶段还仅仅限于假说和推测。因此，对于生命起源问题还必须继续进行研究和探讨。①

关于生命的起源还有两种解释：第一，宇宙生命的起源；第二，地球三维时空里生命的起源。地球上生命的起源，是在宇宙生命的基础上产生的，没有宇宙生命，就不会有地球上的生命。按照大爆炸理论，大约是从150亿年前大爆炸开始的宇宙起源，到约50亿年前太阳系的起源，再到约45亿年前地球的起源，地球生命的起源是在大约37亿年前发生的。对于人类来说，要解答生命起源这一难题的确是困难的。因为这里要涉及宇宙学、古生态学、古气象学等方面的知识，而人类在这方面的知识是非常匮乏的。但是，到目前为止，尚无证据证明地球以外存在生命这一点是确定的，那么我们可否大胆做出一个判断——像我们这类生命出现的机会只有一次。由此，确立我们面对生命的态度——生命是值得敬畏的。

二 生命的定义

生命，是宇宙中最生动、最复杂、最奇妙的现象。如何定义生命，众说纷纭，至今没有一个明确、统一的答案。

对于生命的看法，各门学科、各个学派都有自己的见解。《不列颠百科全书》中列举了五种关于生命的定义。第一，生理学定义，即把生命定义为具有进食、代谢、排泄、呼吸、运动、生长、生殖和反应性功能的系统。第二，新陈代谢定义，认为生命系统与外界经常交换物质但不改变其自身的性质。第三，生物化学定义，认为生命系统包括储藏遗传信息的核酸和调节代谢的酶蛋白。第四，遗传学定义，指出生命是通过基因复制、突变和自然选择而进化的系统。第五，热力学定义，认为生命是一个开放的系统，它通过能量流动和物质循环而不断增加内部秩序。这五种对生命的定义都是从广义的范围进行界定的。它不仅包括人的生命，还包括动植物的生命。②

生命到底是什么？哲学家们给出的答案也各不相同。亚里士多德、黑格尔、恩格斯等都曾提出过自己的看法。亚里士多德是在有机体的意义上看待生命的，"生命这个词可以在多种意义上被述说，只要以下任何条件存在，我们就可以说一事物有生命，如理智、感觉、位置上的运动和静

---

① 百度知道 http://zhidao.baidu.com/question/5044620.html。
② 王晓虹：《生命教育论纲》，知识产权出版社2009年版，第5页。

止，或者摄取营养的运动以及生成与灭亡等"①。因此，只要凡是与营养、生成、灭亡等联系起来的存在物都可以赋予生命。黑格尔也认为，生命就是有机体，等等。马克思指出："人则使自己的生命活动本身变成自己意志的和自己意识的对象。他具有有意识的生命活动。……有意识的生命活动直接把人跟动物的生命活动区别开来。"② 不断拓展的人的意识照亮并提升了人的生命存在，提升了人的生命存在的高度和品质，改变了人的生存本质。"人存在于他的思想之中，特别是存在于他认识或理解自身的方法之中。他的思想就是他的处境。他的本质包括他认为自己是什么。"③ 正是这一点拓展了人的生命的内涵。恩格斯在《反杜林论》中说："生命是蛋白质体的存在方式，这种存在方式本质上就在于这些蛋白体的化学组成部分的不断的自我更新。"④ 这个定义尽管受到了当时科学水平的限制，但至今还保持着它的科学价值。

生命是有机体的存在形式，一般情况下，人们习惯于从生物学的角度来看待生命，它包括人、动物和植物。胡文耕在《生物学哲学》中指出："生命是具有不断自我更新能力的、主要由核酸和蛋白质组成的多分子系统，它具有自我调节、自我复制和对体内、外环境选择性反应的属性。"⑤ 冯契在其主编的《哲学大辞典》中也同样指出："根据现代生物科学的研究成果，生命起源首先由无机物生成有机小分子，由有机小分子形成生物大分子，生物大分子组成多分子体系，最后发展为原始生命。生命主要是由核酸、蛋白质大分子组成的，以细胞为单位的复合体系的存在方式。"⑥ 在葛力主编的《现代西方哲学辞典》中，他认为"生命是世界绝对的、无限的本原，它跟物质和意识不同，是积极地、多样地、永恒地运动着的。生命不能借助于感觉或逻辑思维来认识，只能靠直觉或体验来把握。"⑦《现代汉语大词典》里把生命定义为：生命是生物体所具有的活动

---

① 苗力田主编：《亚里士多德全集》（第三卷），中国人民大学出版社1992年版，第33页。
② 马克思：《1844年经济学哲学手稿》，人民出版社1979年版，第50页。
③ ［德］威廉·赫舍尔：《人是谁》，魏仁莲译，贵州人民出版社1988年版，第52页。
④ 恩格斯：《反杜林论》，人民出版社1970年版，第78页。
⑤ 胡文耕：《生物学哲学》，中国社会科学出版社2002年版，第29页。
⑥ 冯契：《哲学大辞典》，上海辞书出版社1992年版，第386页。
⑦ 葛力：《现代西方哲学辞典》，求实出版社1990年版，第124页。

能力。① 它是一个历史性的存在,是在"时间"之中的"存在"。

可以看出,无论是从哪个角度,哲学的角度还是生物学的角度,人们普遍认同:自我的更新与发展是生命的本质含义,在存在的每一瞬间,任何生命都在不断地调节自身内部的各种机能,调整自身与外在环境的关系,以求得自身的进步与发展。

生命有广义和狭义之分,上面所述是从广义的角度来理解生命的,其中包含人的生命,也包含除了人以外自然界的所有生命。所谓狭义的生命,仅仅指人的生命。本书所要论及的生命是指广义的生命。

三 生命的特征

"人的生命是一个由多重矛盾关系所构成的否定性统一体。"② 肉体与灵魂、生物性与精神性、有限与无限、理性与非理性、现实与未来等等,在二者的否定性统一中,推动着生命的发展。对生命的理解必须着眼于生命自身的矛盾性,正是生命中的诸多矛盾关系,决定了人的生命的特征。从生命道德教育的角度出发,生命有以下特征。

(一) 生命的独特性

就像没有两片相同的雪花一样,每个人的生命都是宇宙中的独特存在,任何生命都是独一无二、不可替代的。"在时间和空间的纵横扩展中,每个人都以其独立的个性存在着","都是作为无可替代的独立个性存在着"③。在德国奥斯威辛集中营历经磨难的奥地利心理学家维克多·弗兰克在其名著《活出意义来》指出:"一个人不能去寻找抽象的人生意义,每个人都有他自己的特殊天职或使命,而此使命是需要具体地去实现的。他的生命无法重复,也不可取代。所以每一个人都是独特的,也只有他具有特殊的机遇去完成其独特的天赋使命。"④

柏格森认为,因果决定、重复性和可逆性是物质世界的特性,而生命却非如此。生命不可能像摄像机一样,将每个细节都排演、拍摄、储存起

---

① 罗竹风主编:《现代汉语大词典》下,上海辞书出版社2009年版,第2710页。
② 高清海:《人的"类生命"与"类哲学"》,吉林人民出版社1998年版,第38页。
③ [日] 香山健一:《为了自由的教育改革——从划一主义到多样化的选择》,刘晓民译,高等教育出版社1990年版,第16、100页。
④ [奥地利] 维克多·弗兰克:《活出意义来》,生活·读书·新知三联书店1991年版,第84、114页。

来,只等放映。生命是从"无"中创造出来的。"生命作为一种特有的生活方式的肯定而成为标准,它有责任保护和实现自己的形式。"① 任何一种生命都是独一无二的,都是没有办法替代的。而且正是因为生命的这种独特性,人的存在才具有独一无二的价值和地位,任何事物都无法取代。我们不能忽视任何一个人的生命,任何生命都弥足珍贵,任何生命都自成目的。

当然,强调生命的独特性,并不是要把生命孤立起来,当作孤立的实体,它指的是:其一,每个人都是独立的、都具有不可替代的生命价值;其二,每个人对自己的生命都是关切的。人生命的独特并不是指人的生命独立于世界,人总是和他人以"共同存在"的方式生存着,每个人的生命都与他人的生命紧密相关,"一个人的发展取决于和他直接和间接进行交往的其他一切人的发展"②。只有在与他人的交往中,人才能确证自身是否存在。为此,只有把生命置于社会之中,才能使生命得到充分的发展。

(二)生命的有限性

人作为肉身的自然存在于世界中,生命有始有终,它开始于出生,而死亡就是生命的终结,因此,个体的生命是一个有限的存在。首先,这种有限性表现为人的生命存在的时间是有限的。"我们在现世的人生无论是什么样子,也无论它会延续多长时间,我们总是背负着在时间中存在的重扼。"③ 而时间不可逆转、不可重复,包括过去、现在和未来;死是未来的一种必然方式。人的寿命长短不一,但无论是谁,生命都终有结束的一天。换言之,人的寿命是有限的。其次,这种有限性表现为人的生理机能的有限性。从生理机能来看,人和动物相比,人比动物要差得多,人在很多最基本的生存能力方面都赶不上动物。"人的爪牙之利不及虎豹,四肢之健不及麋鹿,耳目之敏不及鹰兔,潜水挖洞不及鼠鱼。""人只不过是一根芦苇,是自然界最脆弱的东西","用不着整个宇宙都拿起武器来才能毁灭他;一口气、一滴水就足以致他死命了"④。这就更加凸显了生命

---

① [德]费迪南·费尔曼:《生命哲学》,李健鸣译,华夏出版社2000年版,第51页。
② 《马克思恩格斯全集》第3卷,人民出版社1976年版,第515页。
③ [美]艾温·辛格:《我们的迷惘》,都元宝译,广西师范大学出版社2001年版,第161—162页。
④ [法]帕斯卡尔:《帕斯卡尔文选》,陈宣良、何怀宏、何兆武译,广西师范大学出版社2002年版,第155页。

的脆弱和有限性。再次，表现为生命过程的偶然性和不可预测性。生命的诞生本身就是偶然的，所经历的很多事也具有很大的偶然性。此外，人对世界的认识、人的精神的产生和发展都具有不同程度的主客观制约性，因而必然也是有限的。正是生命本体意义上的有限性促使人去不断实现自我超越和自由创造，但是，这种超越和创造虽然不断突破原有的局限性，但永远无法突破终极意义上存在的有限性。

（三）生命的超越性

生命是有限的，但人渴望超越，要去追求无限。人的生命的生长过程其实是不断否定原有存在状态以及不断创造新的存在状态的过程。生命的价值在超越中得到不断提升，人不断生成新的自我。"人，只有人——倘使他是人本身（Person）的话——能够自己作为生物——超越自己。"因此，德国哲学家马克斯·舍勒给人下的定义是：人是超越的意向和姿态。超越性是人生命的独特本质，最根本的超越具有两个层面：一是生命的外在超越，即人按照自身的需要不断改变外在的环境；二是生命的内在超越，即在意识、精神、智慧价值等层面上，按照人的理想、实现自我超越。

虽然人的生命是一种有限性的存在，但是人总是在努力，去超越生命的有限存在，追寻更高的价值和意义。"生命不是舒服地安居在预定的最佳状态之中，它的最佳状态是有生命力，不屈地走向更高的生存形式"，"人虽然来自于物，却能超越于一切物之上，人是自然生命的存在，却又超越了自然生命的局限"[1]，这正是人类的奥秘所在。由此可以得出一个结论：超越性是人之为人的特质所在。"自我超越不仅指对自我的改善，而且是自我对有限性的突破。自我能够实现超越，因为自我可以审视过去及未来，可以认清自己在目前的处境，可以审视自己和批判自己。"[2]

超越性也就是个体在意识到自己生存的局限时，认识到自身拥有的潜能和肩负的使命，从而去丰富有限的生命，使自我的生命价值得到提高。没有超越性，人就会失去生存的目标和意义。"没有这种超越现存世界的对价值理想的追求，全人类就失去了希望的召唤，而这一切的丧失，将是

---

[1] ［奥］贝塔朗非：《一般系统论》，社会科学文献出版社1987年版，第16页。
[2] ［美］莱茵蕾尔德·尼布尔：《道德的人与不道德的社会》，贵州人民出版社1998年版，第3页。

人性的彻底沦丧。所以,我们立足于人本真的独特存在方式,说人在根本上是一种价值存在的时候,就意味着乌托邦精神是人的根本精神。"① 只有在不断地超越中,人类才能追求更高的境界,达到真善美。这种超越主要表现在以下四个方面。第一,精神性对生物性的超越。第二,无限性对有限性的超越。第三,可能性对现实性的超越。第四,自由对规定性的超越。②

作为人对自身存在的有限性的不断突破,人的超越性,是由生命的本性所决定的,更重要之处在于它是社会实践的结果。马克思主义认为,实践是人之本性产生的根源。人在社会实践之中产生意识,并通过实践改造世界,改造自身,实现了对自身的超越。

(四) 生命的反思性

生命的存在是一种意义性存在,只有人能够有意识地主宰和驾驭自己的生命活动去实现自己的意志和目的,进而把有限的生命引向永恒和无限的意义境界,这也是人与动物相区别的最本质的特征。"人不仅仅为了面包而活着",他要讲求活着的意义和价值。作为一个生命主体而存在于世界的人,总是通过自身不断的精神追求去获得生存的意义和价值:"人的精神努力通过黑暗而走向光明突破,通过无意义而向有意义突破,通过必然性的奴役而向光明突破,再没有任何东西比这些努力更惊人、更动人和更震撼人。"③ 那么怎么通过精神努力来超越生命的虚无感?马可·奥勒留认为唯有做一个有道德的人,过一种符合自然的生活,毫不虚伪和欺骗,生命才能获得它的价值和意义。对生命意义的追求,使人不等同肉体组织的存在,人的存在之意义不在于他的时空性,人的存在在于生命的意义,在于对真、善、美的追求。对现代人而言,解放自己的心灵,摆脱对物质和金钱的欲望,融入自然,融入宇宙,与万物对话、交流,悲天悯人,培养博大而深沉的情怀,确认良知对人类的重要作用,无疑是生命意义的首选价值。④

---

① 贺来:《现实生活》,吉林教育出版社1998年版,第13页。
② 冯建军等:《生命与教育》,教育科学出版社2004年版,第295页。
③ [古罗马]奥勒留:《马上沉思录》,何怀宏译,陕西师范大学出版社2003年版,第25页。
④ 夏中义主编:《大学人文读本·人与自我》,广西师范大学出版社2002年版,本卷导言第2页。

从生命道德教育的角度来把握生命的特征，抓住了生命中那些与生命道德的形成、发展以及与生命道德教育紧密相关的特征因素，这是生命道德教育的理论基础和人性论基础，抓住以上特征，生命道德教育就会有针对性和实效性。

第二节　生命道德与生命道德教育

一　道德解析

(一) 道德的内涵

在我国的古籍中，"道"与"德"最早是分开使用的。"道"表示道路，如"周道如砥，其直如矢"，以后引申为原则、规范、规律、道理或学说等方面的含义。在汉语界考证，"道"和"德"这两个字是先有"德"，然后才有"道"。3000多年前，商代甲骨文中已经有"德"的记载，但其含义很笼统，直到西周大盂鼎铭文的"德"，才开始有"按规范行事有所德"的意思。这里，"德"本义为"得"。"道""德"两个字连用，始于春秋战国诸子的著作。荀子在《劝学》中说："故学至乎礼而止矣，夫是之谓道德之极。"至此，汉语道德一词的演绎才完成。孔子在《论语》中说："志于道，据于德，依于仁，游于艺。"又说："朝闻道，夕可死矣。"这里的"道"是指做人治国的根本原则。"德"即得，人们认识"道"，遵循"道"，内得于己，外施于人，便称为"德"。这里的"道德"主要是指调整人们相互关系的行为准则和规范，有时也指个人的思想品质、修养境界、善恶评价，乃至泛指风俗习惯和道德教育活动等。道德是人类对长期社会活动中好的行为模式的总结，也可以说道德是人类社会行为模式的定理或规律。

在西方古代文化中，"道德"一词起源于拉丁语的"摩里斯(mores)，意为风俗和习惯，引申其义，也有规则、规范、行为品质和善恶评价等含义。近代法国唯物主义者霍尔巴赫把道德规定为善的行为，他说："做善事，为旁人的幸福尽力，扶助旁人，就是道德。"道德只能是为社会的利益、幸福、安全而尽力的行动。中外思想家关于道德的种种见解表明，道德概念是随着社会实践的发展和人的认识能力的逐步提高而逐步完善的。他们对"道德"一词的理解，大体都包含了社会道德和个人道德品质的内容，指的都是用来调节处理人与人之间关系的行为准则或规范，是人类社会普遍存在的特有现象。

一般来说，道德既指普遍的法则以及存在的根据，又被赋予了社会理想、道德理想等意义，反映了人的品质、原则、规范与境界。因此，概括地说，道德是社会规则与个人品性的统一体，它是人类在满足其自身生存和发展需要的实践理性的指导和驱动下创造的一种特殊的精神世界和精神生活方式。具体分析，道德具有三层含义。

1. 道德是一种具有特殊的规范调节方式的社会意识

道德作为一种具体的社会意识形态，它有着自己的特殊性。通过比较各种社会意识形态的异同，不难发现，道德是一种由原则、规范、意识、信念和行为习惯构成的特殊的调节规范体系，道德不同于其他社会意识形态的根本特征就在于它特殊的规范性，表现如下。其一，道德规范是一种非制度化的规范。即道德规范并不是被颁布、制定或规定出来的，而是处于同一社会或同一生活环境中的人们在长期的共同生活过程中逐渐积累形成的要求、秩序和理想，它表现在人们的视听和言行上，深藏于品格、习性、意向之中。其二，道德规范手段是非强制性的。道德规范的实施主要是借助于传统习惯、社会舆论和内心信念来实现的。传统习惯是一种行为准则，社会舆论的力量是"精神法庭"，内心信念是无形的"法官"，任何不道德的行为都难逃它的"审判"。同时教育、宣传、大众传媒也常常是道德规范实施的重要手段。其三，道德是一种内化的规范。道德规范只有在为人们真心诚意地接受，并转化为人的情感、意志和信念时，才能真正得到实施，也就是说道德必须有内在的善良愿望才能加以遵守，迫于外界压力而循规蹈矩的人在法律意义上是好公民，但不一定是道德意义上的好人。

2. 道德往往展现为各种道德品质

长期以来，一些权威性的伦理学论著习惯于在特殊的意识形态和"社会规范总和"的意义上界定道德，并据此阐述道德的本质、特征等，这种方法其实没有在整体意义上把握道德的本意。在我国，道德是由"道"和"德"这两个不同的概念演变而来的。"道"的基本含义是独立于个体而存在的社会规范和行动准则，"德"是个体得社会之"道"而形成的"心得"，即个人的道德品质。所以古人云："德者，得也。"[①]"道"

---

① 《礼记·乐记》。

与"德"的逻辑关系自荀子加以贯通连用为道德后,就含有社会道德规范与个人道德品质两层基本意思,后者实则为"德(得)道"。西方人从古希腊时期开始便主要将道德归结为个人的道德品质或素质,认为"道德是一种在行动中造成正确选择的习惯,并且这种选择乃是一种合理的欲望",是"行为、举止的正直(正当)和诚实"[①]。

3. 道德是一种实践精神

道德作为一种精神现象,它还具有指向实践的意义。其实道德具有双重属性,一方面所谓道德是一种精神,即属于意识形态,是属于观念和思想性的东西;另一方面它又指向实践,是以规范于、落实于人们的行动和实践为目的的,是必须见之于行动的。

道德作为一种实践精神,是人类掌握世界的特殊方式和完善发展自身的活动,是通过价值方式掌握现实世界的,即以评价对象、调节社会关系、预测社会发展、形成行为准则的方式来认识、反映、改造和完善世界;同时道德通过特殊的意识信念、行为准则、评价选择和理想等价值体系发展个人品质,提高个人精神境界。具体来说,道德对于世界的改造主要以精神的手段来调节人与人的关系,通过形成特殊的社会秩序和行为准则来实现社会的稳定、和谐和发展。道德改造世界的手段主要是评价,道德评价不仅是按特定的道德准则进行,同时还会创造出新的行为规范,制约和指导人们的行为,形成新的道德环境。道德对于人类自身的完善主要是增强人的主体意识和选择能力,动员全部身心力量克服恶行,培养善行,提高自身的精神境界。由于社会中善与恶、高尚与卑劣总是相伴存在,因此必然要求人们在道德冲突困境中自觉地选择高尚而弃绝卑劣,自觉地选择较大的价值而牺牲较小的价值,从而完善人格,提升品性。

(二) 道德的起源是人类社会生存发展的需要

认识和理解道德的起源与本质是道德教育的基础与前提。必须还"道德"以本来面目,才能还"道德教育"以现实面目。对道德的起源有两种立场:一种是道德社会起源论,另一种是道德个人需要论。前者强调日常生活中的交换、交往及其承诺、守信、遵守的规则而演绎的系列风俗习惯、社会舆论,之后演变为更大范围的社会意识形态;后者则强调人的主动意识和能力,人的需要通过各种人际关系来获得满足,为此要求把

[①] 周辅成:《西方伦理学名著选辑》上卷,商务印书馆1964年版,第331页。

握、顺应人际关系的规则，即道德。道德的起源既是社会发展的需要，也是个人生存的需要，因为个体是社会的基因，社会是个体的归属，社会与个人难于分割。以单一的角度看待道德的起源是有失偏颇的。我们赞同包括亚里士多德所强调的道德是早期生活养成的观点，也赞同包括康德所强调的道德是由外在压力作用形成的看法，道德既是社会发展的需要，也是个人生存的需要，两者难于分割。

上述分歧形成两种不同角度的道德教育思想。一是强制性的道德教育，以风俗、习惯、舆论和社会意识来对人的思想行为产生约束和影响。二是自主性的引导。人类学和文化人类学考察证明人是孤立的和弱小的动物类，人在进化过程中以大脑的发育为代价而丧失了优于其他动物的能力，需要很长的教育期，人的生存就比其他动物显得更加脆弱，人需要各种关系（包括人与自然、人与社会、人与人的关系）才得以生存，如果道德不是个人能够遵守的社会规范，也就不能够适应人的各种关系，人的生存需要有把握和主动遵循社会规范的自主性能力。道德教育的最高境界在于引导人掌握协调人际和谐关系的能力。道德最终应当成为个人的道德，如果道德不是个人能够遵守的，道德就会成为外部的强加和强制，因此，道德也就不能再是道德，而是属于"法制"范畴。道德的要求在于能成为个人的德行和内心需要，否则就达不到道德自律的境界。实现道德自律境界需要各种努力，道德教育是一条重要的途径。道德的意义在于使人与人之间能够以平和、宽容的心态相处；使人相互尊重和关心，保持距离感，尽可能不相互侵犯；真实地保持人与人之间彼此平等与互利合作关系。

二 生命道德的提出

在对道德概念进行分析时，一般都将道德调节的范围限定于人与人之间、人与社会之间，人与自然之间（当然，也有学者提出人与自我的关系，但只是从精神层面考虑的，而没有对人与自我的"身""心"的关系进行思考，也就是说，忽略了生命肉体层面的自我）。传统的道德认为，只要有两个人，就会存在道德。那么，只有一个人独自存在时，就没有道德存在了吗？个人是否对他自己的生命或其他生命负有道德责任呢？我们回顾一下人类道德发展的历程，不难看出，伴随着人类自身的解放，人类的道德已由中观的社会道德（人际道德）向宏观的自然道德（生态道德）

和微观的自身道德（个人美好生活）两个维度拓展。当人类自身的存在还是一个主要问题时，解决个体与个体之间、个体与种族之间的矛盾，则成为人类面临的首要问题，因而处理人与人、人与社会之间的关系成为道德的重要或唯一范畴。这样人们注重的只是人际道德，而"无暇"关注人与自身、人与自然的关系。当人类所赖以生存的自然被人类"改造"得"体无完肤"而以其"毁灭性"的方式报复人类，直接威胁并使人类的生存与发展不断出现危机时，人类则不得不重新思考其与自然的关系，这样，生态道德便诞生了。而伴随着物质文明与个性的不断解放，人类关注个人美好生活的伦理呼声也日益凸显，这样，关注人类个体自身的存在与发展也就成为道德的一个重要范畴。①

一般而言，道德被归结为如何处理人际关系、如何善待他人，遗漏了道德的另外一个方面——如何善待自己，如幸福。大多数人认为，只有规定如何善待社会和他人的利他规范才是道德规范，而如何善待自己的利己规范便不是道德的行为。实际上，一种行为或一种规范，道德与否全在于它是否具有利害社会的功效。许多重要的道德规范恰恰是如何善待自己的利己规范，如幸福、自尊、贵生、谨慎等。② 斯宾诺莎曾经说过："一个人愈努力并且愈能够寻求他自己的利益或保持他自己的存在，则他便愈有德行。反之，只要一个人忽略他自己的利益或忽略他自己存在的保持，则他便算是软弱无能。"③ 不但如此，"还要意识到人如何善待自己，是人如何善待他人、社会的基础"④。个人对自身的态度在两个方面有着重要的道德意义。一方面，个人对自身的态度是他对自然、对社会的态度的基础。一个人对自然、社会的态度是从他对自身的态度中派生出来的。只有对自己负责的人，才可能是一个对自己置身于其中的种种关系持积极、负责态度的人。个体对自身的关系的重要性正如西田几多郎所说："个人的善是最重要的，是其他一切善的基础。"⑤ 在一个社会中，每个生命都是健康的、强盛的，都最大限度地实现自我、充分发挥自己的创造潜能，那

---

① 刘慧：《生命道德：学校德育的重要内容》，《思想理论教育》2010 年第 1 期。
② 同上。
③ ［荷兰］斯宾诺莎：《伦理学》，贺麟译，商务印书馆 1983 年版，第 183 页。
④ 刘慧：《生命德育论》，人民教育出版社 2005 年版，第 30 页。
⑤ ［日］西田几多郎：《善的研究》，商务印书馆 1965 年版，第 120 页。

么,他们所构成的社会也必然是一个健康、强盛的社会。反之,如果每个生命都是病态的,甚至生命的存在都成为一个问题,那么,这个社会就难免不是病态的,也难以存在与发展。因此,我们有理由确定善待自己的意识和行为都是道德的,关爱生命是最根本的道德。

从以上对道德的重新解读来看,人与生命之间确实存在着道德关系,因而,一个人如何对待生命是一个与自己、与他人、与社会有关的道德问题。例如,自杀行为显然是一个毁灭自己、危害社会和他人的不道德的行为。因为自杀者的这种行为虽然是自我的行为,但必然涉及亲属、朋友、家庭、社会,必然对他人、对社会产生一定的作用:或是加重他人、社会的经济负担,或是导致他人精神痛苦,从而影响到他人和社会的利益,表现出恶的后果。另外就自杀行为本身来说,这一过程体现着行为人与自我身心之间的严重冲突和激烈斗争,表现了行为人对自己的道德义务的漠视。

三 生命道德的界定

生命道德如何界定,对于本书来说,这是一个至关重要的问题。人的生命分为两种,一种是自然生命,另一种是社会生命,即自然属性与社会属性的统一。自然生命就是生命存在的物质载体及生物性存在方式,是人作为高级生命存在的物质前提;社会生命就是人在社会化过程中形成的一种独特的存在方式,体现为人类对道德、情感、理想、价值以及信仰的追求,是人类超越自然生命而存在的一种高级生命形式。作为一种生物性的生命体,人类与其他生命之间存在着物质、能量和信息的交换关系;作为一种社会性的生命体,人与其自身的生命、他人的生命乃至人类的生命之间存在着能动的社会关系。道德,体现了人的社会价值观念及追求,是人所特有的社会规定性,是人能够实现自身价值的一种特殊方式。只有通过道德这一社会调节手段,人才能够更好地去实现个体生命价值和社会生命价值。因此,我们非常有必要把人与自己、人与他人以及人与其他生命之间的关系纳入道德的范畴。生命道德就是调整人与自己生命、他人生命、人类生命及他类生命之间关系的道德,生命道德主要包含两层含义:一是关爱生命,关爱生命主要体现为保护生命、尊重生命、敬畏生命;二是追求生命意义,提升生命的价值,生命道德内在地包含了人类自觉向"善"的价值取向和自我完善的社会需要。①

第一，关爱生命。关爱生命具体体现为保护生命、尊重生命和敬畏生命。这里的生命不仅指个体人的生命、人类的生命，而且也包含其他生物的生命。"现在已经很清楚，没有任何特殊的物质、物体或力量可以和生命等同。"② 也就是说，世界上没有两个完全一样的个体，每个个体都是独一无二的，因此要关爱生命。保护生命是人对待生命的最基本要求，也是生命道德最重要的表现。它主要表现为珍惜生命个体的存在，处理好利己与利他之间的关系。尊重生命主要指尊重个体生命的独特性以及生命需要。敬畏生命主要体现为对生存与死亡的意义的深切领悟，使人对生命充满敬畏之情。

第二，追求生命的意义。人们精神、心理问题的发生，主要在于人迷失了自我，看不到自己生命的价值或意义。精神病学家弗兰克曾经指出，许多人产生精神、心理疾病的真正原因就是人们找不到自己生命的价值和意义。正是由于找不到自我，没有成就感和成功感，得不到对自我生命的认可或认同，一些青年人才缺乏自信，感到自卑等；正是由于找不到自我，感受和体会不到自己生命的价值或意义，一些成年人在享受充裕的物质生活的同时，不得不面临精神生活的严重缺失，导致感受不到生命的快乐与幸福。譬如抑郁症的发生，原因就是在工作和生活中，人们无法找到自己生命的价值和生存的意义。只有挫折感，而没有成就感；只有失败感，而没有成功感。于是，精神无以安顿，感情无处寄托，导致自己对自己的评价降低，失去信心，感到做人很失败，活着没什么意义，不得已，便走上了绝路。所以，人要学会积极地评价自己，肯定自己，既不妄自菲薄，也不妄自尊大。不断燃起对生活的勇气和信心，珍惜生命，善待自己。积极地生活，享受快乐，追求生命的意义，提升生命的价值，让自我处于一种高度和谐与完美的状态。

---

① 王昆仑、卓家武：《当代大学生生命生命道德观的特点与发展趋势》，《学理论》2010 年第 1 期。

② [美] E. 迈尔：《生物学思想发展的历史》，涂长晟等译，第 61 页；转引自刘慧《生命德育论》，人民教育出版社 2005 年版，第 36 页。

四 生命道德教育的界定

(一) 生命道德教育的定义

目前,关于生命道德教育的定义主要有以下几种。

学者刘慧认为,生命道德教育是关于生命道德的教育,是回到生命之中,遵循生命之道关爱生命,生命有爱的教育,是德育的重要组成部分,并处于德育的根基部位。广义的生命道德教育泛指一切关爱生命、感恩自然、追求生命意义的教育。狭义的生命道德教育是促进个体生命成为优质自我的教育。生命道德教育的基本理念包括:以人的生命为本;回归个体生命的境遇、经验和体验;关注个体生命的当下需要;生命叙事是其主要的存在方式。生命道德教育的理论特征:生命性、开放性、促进性、感动性、叙事性。

潘玉芹这样定义,"生命道德教育决不是单纯的生物学意义上的生命知识的教育,而是上升到人文关怀层面的伦理教育与道德教育,是对当今道德教育的超越与提升。除了让学生了解生命的存在形式之外,更多的是关注生命的伦理精神方面——人生目标、人生价值和人生超越等,以实现学生人生境界的提升。"[①]

章文丽在《中学德育的新领域》中指出:"生命道德教育就是在德育中关注对学生进行整体人生的塑造,帮助青少年从小开始探索与认识生命的意义,了解生命的有限性,欣赏生命、珍爱生命、体验生命,树立远大的人生目标与理想,最终实现自我人生价值。"[②]

宋菊芳认为:"狭义的生命道德教育是指对生命本身的关注,包括个人与他人的生命,进而扩展到一切自然生命;广义的生命道德教育是一种全人的教育,它不仅包括对生命的关注,而且包括对生存能力的培养和生命价值的提升,通过进行生命教育,表达对生命状态的关怀,对生命情调的追求,使人更好地体验和感悟生命的意义,促进肉体生命的强健和精神生命的形成,在激扬生命之力的同时焕发生命之美。"[③]

杨思平在《生命道德教育及其伦理建构》一文中指出:"所谓生命道

---

① 潘玉芹:《当代大学生生命道德教育研究》,硕士学位论文,南京林业大学,2007年。
② 章文丽:《实施生命道德教育提高德育时效性》,《文教资料》2005年第4期。
③ 宋菊芳:《大学生生命道德教育问题探析》,《思想教育研究》2007年第2期。

德教育，就是进行整体人生的塑造，是回到生命之中，追求生命真谛，帮助人们探索与认识生命的意义，了解生命的有限性、开放性、感动性，欣赏生命、珍爱生命、体验生命，培养人的个性、完善人的人格，实现生命价值，形成生命理想，绽放生命意蕴。它绝不是单纯的生物学意义上的生命知识的教育，而是上升到人文关怀层面的伦理教育，是对当今道德教育的超越与提升。"①

程乐和冯文全这样定义生命道德教育："生命道德教育就是在道德教育中了解生命的有限性，珍爱生命、体验生命，确立以人为主体，找到一种正确的人生价值观并寻求积极向上的人生意义，最终实现生命的超越和升华的教育。"②

陈丽英和潘建华认为："在和谐社会背景下，我们呼吁高校道德教育返璞归真，回归到蕴含着无数生命个体的鲜活的生命世界，成为真正以人为目的的道德教育，即生命道德教育。"③

结合上述定义，我将生命道德教育界定为：所谓生命道德教育，就是要遵循生命之道，了解生命的独特性、超越性、有限性、意义性，欣赏生命、热爱生命，培养人的个性，实现生命价值，焕发生命之美，追求积极向上的人生意义，以人的生命为本，使人获得全面发展的教育，它是德育的组成部分之一，是整个教育的原点。

生命道德教育的提出，其根本在于长期以来，我国德育模式脱离生活，德育内容忽视人的主体地位，忽视教育对象的不同阶段的年龄特征和身心发展规律，缺乏生命主体意识。当下中国的社会转型不仅是一种经济体制和模式的转型，还是一种呼唤生命文化的转型。与传统德育单纯关照社会需求的价值取向所不同的是，在这样一种充满人文期待的转型过程中，社会需求与个体需求两者之间不再是简单的二元对立，而是主观相互依存、共生共荣的关系形态。尽管有很多复杂的因素造成今天的社会道德问题，而道德问题并非仅依靠教育就能够解决，但这并不意味着道德教育

---

① 杨思平：《生命道德教育及其伦理构建》，《继续教育研究》2009 年第 5 期。
② 程乐、冯文全：《塑造完美之人——从生命道德教育谈起》，《道德教育研究》2008 年第 3 期。
③ 陈丽英、潘建华：《和谐社会背景下高校生命道德教育的理论构建》，《吉林省教育学院学报》2008 年第 9 期。

不应该有所作为。本书探讨的生命道德教育，主要是青少年的生命道德教育，但绝不是说生命道德教育是一种阶段式的教育，只局限于青少年，生命道德教育的受众应该是全体公民。

(二) "生命道德"需要教育的缘由

首先，作为人来说是需要教育的。人是需要教育的，这是解答生命道德是否需要教育的一个基本前提。人为什么需要教育和人需要什么样的教育，是由人的本质规定性决定的，人之所以需要教育，是因为人是区别于世间一切他物的特殊存在。人类学和文化人类学考察证明人是孤立的和弱小的动物类，人在进化过程中以大脑的发育为代价而丧失了优于其他动物的能力，需要很长的教育期。人如何与环境建立关系，如何实现自身的需求，都有待后天的建立。而人的未特定化赋予人以可塑性，使人能够根据外界的要求，自我确定同化信息、作用客体的主体机制。人的未特定化使人产生对教育的需要性。高清海先生认为，人不仅具有动物的"种生命"，而且具有只有人才有的"类生命"，人是有着双重生命的存在。类生命超越了自然给予的种生命的局限，是一种人的自我创生的自为生命，是人的本质所在。人不满足于像动物一样地活着，而是要创造自己的价值，追求其生的意义。动物不需要教育，因为动物与其生命活动是直接同一的，种生命是其全部。马克思说："动物不把自己同自己的生命活动区别开来，它就是这种生命活动。人则使自己的生命活动本身变成自己的意志和自己意识的对象。他具有有意识的生命活动。"[1] 类生命是人之为人的生命，这种特性是教育的依据与前提。

其次，生命道德是人的一种道德需要。人在社会中生活，为了自身的发展和需要，必然需要一定的道德。道德需要是个体生命健康存在与发展之多种需要中重要的一种，它植根于人的生命之中；是在现实的生活中生成的，是个体生命为了一定目的，对一定社会道德要求的主观反映；是个体生命自我完善、自我实现的内在欲求；是追求一定的道德行为方式和道德境界的内在要求，是人们内化道德规范和外化品德信念的内在动力，也是呈现自身道德行为的重要主体因素。需要的产生与满足与否都离不开环境的因素，尤其是教育。[2] 人们怎样处理与自己的生命，与他人的生命以

---

[1] 《马克思恩格斯全集》第42卷，人民出版社1979年版，第96页。
[2] 刘慧：《生命德育论》，人民教育出版社2005年版，第97页。

及与他类的生命之间的关系；如何认识和善待生命、对待死亡，等等。这些都是需要教育的。

再次，人类对生命道德的遮蔽需要教育来唤醒。生命道德具有人性的根基，是人性的光辉所在，从一定意义上讲，正是人具有这种有深层意蕴的道德，人类才能走到今天。但是，在异化的世界里，人们看不到生命的价值，生命的尊严，在物质丰富和极大满足的现实面前，人类迷失了方向：灵魂没有归宿，生命意识淡漠，生命意义缺失……总之，生命道德被遮蔽。所有这些都需要教育唤醒他们的良知，使他感受到生命的价值与尊严，灵魂和肉体才能够达到真正的统一。

最后，无论是从人类本身所具有的教育需要性的特点，还是从生命道德作为一种道德需要，都可以得出一个结论：生命道德需要教育。

五　生命道德教育的功能

所谓功能，是指由若干要素按照一定结构有机构成的系统在与特定的环境相互作用时所产生的结果。功能是表示系统与环境相互关系的范畴，它体现了系统与环境之间物质、能量和信息的输入与输出的交换关系。功能表示系统对环境产生的作用。① 生命道德教育的功能则是指生命道德教育系统内部诸要素之间以及系统与环境之间相互作用时产生的结果，表现为对社会发展所产生的现实或后续作用。当然，这种结果有促进和阻碍之分。生命道德教育所倡导的思想观念适合社会发展的状况时，就会对社会发展产生积极的推动作用；反之，则会起反向的阻碍作用。生命道德教育在社会生活中具有导向功能、激励功能、促进功能及转化功能。

（一）生命道德教育的导向功能

生命从层次上可以分为两类，一类是天性，一类是可塑造的发展。"教育对生命的引领作用，主要表现在对后天发展方位的定位。人是未完成的，具有极大的可塑性。如果任其发展，就像荒山上的树丛，杂乱无章，东倒西歪，最终也成不了参天大树。人如何发展，教育承担着引领生命航行的作用，教育就在于为个体生命的发展确立合适的方向。"② 生命

---

① 彭舸珺：《思想政治教育在我国构建社会主义和谐社会进程中的功能探究》，硕士学位论文，西北师范大学，2006年。

② 冯建军：《生命与教育》，教育科学出版社2004年版，第153页。

道德教育的导向功能,即采用启发、教育、批评等一系列方式方法,使人们的思想和行为符合社会发展的要求。生命道德教育的导向功能,表现在以下三个方面。

第一,目标导向。目标,是人们希望在行动中达到的预期的结果。简单地说,目标即人们行为的目的。恩格斯认为:"推动人去从事活动的一切,都要通过人的头脑……外部世界对人的影响表现在人的头脑中,成为感觉、思想、动机、意志,总之,成为'理想的意图',并且通过这种形态变成'理想的力量'。"① 目标作为一种"理想的意图",如果一旦能够确立下来,就会成为一种"理想的力量",推动人们去行动。目标导向,也就是规定人们具体的追求目标,引导人们向既定的目标前进。使人们明确要保护生命、尊重生命、敬畏生命,追求生命的意义。在运用目标导向的时候,需要注意以下几个方面。首先,设定目标时要注意群体的需要和个人的需要,使二者得以兼顾。目的是让人们能够把外在的、过高的目标转化为内在追求。其次,目标设定要适当,不能太高,目标设定过高,容易使人们丧失信心。再次,目标设定要有针对性,也就是根据对象的需要层次,设置不同层次的目标,以便达到良好的效果。例如,对于小学阶段的学生,着重帮助和引导学生了解自身的生长发育特点,初步树立正确的生命意识,认识到人的生命是可贵的,能珍惜生命;对于初中阶段的学生,引导其尊重生命、关怀生命、悦纳自我、接纳他人,能够承受压力和挫折,钦佩顽强的生命并且认识到生与死的意义,了解生命的价值;对于高中阶段的学生,着重帮助其学会尊重他人、理解生命、热爱生命,拥有健康、向上生活的能力,培养其积极的生活态度和正确的人生观,学习规划自己美好的人生,等等。

第二,舆论导向。舆论,是指广泛流行,多方传播的社会群体性意见和呼声。"舆"的古文本意是指车辆或泛指车辆后部,被引申为"众",故曰:"舆论,乃公众之言论也。"舆论的导向作用是万万不可忽视的,对道德的形成、道德的教育、道德的建设更是有着重要的作用。江泽民同志在视察人民日报社时指出:"历史经验反复证明,舆论导向正确与否,对于我们党的成长、壮大,对于人民政权的建立、巩固,对于人民的团结

---

① 《马克思恩格斯选集》第 4 卷,人民出版社 2012 年版,第 238 页。

和国家的富强，具有重要的作用。"① 随着信息传播技术的飞速发展，舆论发挥的影响作用越来越大，已经逐渐成为影响国民生活、群众情绪以及社会稳定的重要因素。正因为舆论走向对社会主义和谐社会的构建发挥着重要的作用，所以，我们对此决不能听之任之。舆论能够引导社会总体或局部变化的走势，能够引导人们思想或行为变化的方向。从历史实践来看，舆论走向自始至终存在着一个导向问题。正确的舆论能够引导社会、引导人类走向光明的未来，反之，错误的舆论则会引导社会、引导人们坠入万丈深渊。江泽民同志曾经特别强调："舆论导向正确，是党和人民之福；舆论导向错误，是党和人民之祸。"② "以科学的理论武装人，以正确的舆论引导人，以高尚的精神塑造人，以优秀的作品鼓舞人"③，使有利于社会和谐、人民幸福的思想和精神成为时代最强音。

通过道德的定义可以明确，道德靠舆论的力量俗成，靠舆论的作用实现，靠舆论的引导发展。道德离不开舆论，舆论支撑着道德展开，社会舆论中的口头议论和大众传播媒介都与道德建设息息相关。口头议论不仅是公众从传统的、普遍的或先进的价值观出发，对人和事进行评价、指责、贬斥、肯定，而且还通过人们彼此相传的形式对评价对象施加影响。大众传媒则通过报刊、广播、电视、互联网等形式，使这种评价引导、监督、肯定的功能更加强大，其影响更大、更深远。道德规范和准则之所以具有很强的约束力，很大程度上就在于有舆论这一强大的社会力量。人的自我意识，人的天地良心以及人的社会责任感不是天生的，而是社会的产物，是一定的舆论氛围所造就的。对于人们特别是受着高等教育的大学生来讲，他们之所以不愿或不敢去做不道德的事，往往不是因为他们惧怕什么上帝，也不是因为他们惧怕什么法律，而多是惧怕社会舆论的谴责。这种惧怕源于人的群体属性及其荣辱观和美丑感。在道德的认知、践履、选择中，人们随时随地都会感受到社会舆论这一特殊权威的存在。

既然舆论在道德的形成、完善、发展中起着如此重要的作用，那么，一定要注重加强舆论的导向作用，通过宣传工作，保证社会舆论的正确方

---

① 人民日报社编：《以正确的舆论引导人——学习江泽民总书记视察人民日报社的重要讲话》，人民日报出版社1996年版。

② 同上。

③ 《十四大以来重要文献选编》（上），人民出版社1997年版，第647页。

向。也就是通过表扬、鼓励、批评、监督等手段和方式，制造并形成正确的舆论，利用其调节和规范人们的正确走向，避免舆论引导出现偏差，给社会造成不利的影响。

第三，自主导向。也就是通过自我教育、自我学习的方式达到自我提高。一般来说，自主导向是一种内在引力，但它不会自发完成，它需要生命道德教育主体的启发和引导。通过这种启发和引导，促进教育对象内部思想因素产生变化，从而提高教育对象在自我教育方面的自觉程度和能力。例如，怎样引导人们在竞争与发展的社会中去给自己定位。文艺复兴时期法国思想家蒙田说过，"世界上最重要的事情就是认识自我"；现代德国哲学家卡西尔认为："认识自我乃是哲学探索的最高目标。"[①] 老子说："知人者智，自知者明。胜人者力，自知者强。"[②] 这都是在说，人对自己要有正确的认识，不能妄自菲薄。对自己认识太高，会脱离现实，怨天尤人，小事不去做，大事做不来，到头来一事无成；对自己认识太低，则会产生强烈的自卑感，导致自暴自弃，最后抱怨终身。可见，能对自己做出恰如其分的估量和评价是多么的重要。生命道德教育就是要促进人们的内部思想发生变化，充分认识自我，克服内心不安的情绪，不断调节与自身的矛盾，避免主观性和片面性，以旁观者的身份分析和审视自己，给自己一个准确的评价。

每个人的社会地位和社会角色各不相同，但人们都有一个愿望，那就是期望自己在这个社会中生活得好一些。为了改善自己的生存状况和生存环境，达到自己的目标，采取的方式各不相同，只要是正当的，也就是通过自己的努力去获得的，我们都应该给予理解和支持。每个人都有自己的人格尊严，都应该受到尊重。看不惯、歧视、排斥，只会造成人与人之间的隔阂。

(二) 生命道德教育的激励功能

激励，就是激发、鼓励，即通过各种形式的外部刺激，激发人们的主观能动性和思想感情，调动人们的积极性，使人们产生一种奋发向上的进取精神。激励是相信生命的一个重要表现。生命本身具有智慧和力量，它需要一定的条件给予支持方能显现，生命道德教育的作用就在于为之提供

---

① 从中：《主体心理治疗》，《上海精神医学》2009年第21期。
② 《道德经》。

有效条件，就是运用多种手段充分调动人们的积极性和创造性，促使其克服困难，达到目标。

生命道德教育激励功能的发挥主要是通过榜样激励来进行的。所谓榜样激励，就是通过树立榜样，即典型示范来激发人们乐观向上，热爱生命，热爱生活的态度。人的行为不仅受直接经验的影响，而且受观察的影响。"如果人们仅仅通过自己行为的后果来了解什么是应该做的，那么将是非常吃力的，更不用提是靠运气了。大部分的人类行动是通过对榜样的观察而习得的，即一个人通过观察他人知道了新的行动应该怎样做，这一条编码的信息在后来起着引导行为的作用。"① 这就是说，任何人在社会生活中都会自觉或不自觉地学习、模仿自己心中的榜样。有了榜样，人们学有方向，感有目标，会时时受到激励。作为榜样的模范人物的言行生动地告诉人们，应该怎样做，不应该怎样做，提倡什么，反对什么。人们耳闻目睹榜样的感人事迹，容易引起感情上的共鸣，产生鼓舞、教育、鞭策的作用，激发人们模仿和追求榜样的愿望，使外在的榜样转化为催人上进的内在力量。

"榜样的力量是无穷的"②，在生命道德教育的激励过程中，进行榜样引导，就是通过树立某一方面的榜样，进而大力宣传榜样的思想、品德、行为，使榜样产生感染力和说服力，潜移默化地对人们发生影响，从而使人们改变自己的行为。

(三) 生命道德教育的促进功能

促进，其含义是指推进、加快，推动事物使其向前发展。生命道德教育的促进作用在这里主要指的是促进个体生命的健康发展。所谓健康，根据《辞海》的描述：人体各器官系统发育良好、功能正常、体质健壮、精力充沛，并具有良好劳动效应的状态。1948年，世界卫生组织（WHO）给健康下的正式定义是："健康是指生理、心理及社会适应性三方面全部良好的一种状况，而不仅仅是指身体无病或体质健壮。"其标准主要有：充沛的精力，能从容不迫担负日常生活和繁重的工作而不感到过

---

① [美] 阿伯特·班杜拉：《社会学习心理学》，郭占基、周国韬译，吉林教育出版社1988年版，第22页。

② 刘吉主编：《名家新论：新时期思想政治工作若干问题》，中共中央党校出版社1995年版，第129页。

分紧张和疲劳；处事乐观，态度积极，乐于承担任务，事无大小，不挑剔；善于休息，睡眠好；应变能力强，适应外界环境中的各种变化；能够抵御一般的感冒和传染病，等等。1989年，世界卫生组织又提出健康的新概念："健康不仅是躯体没有疾病，还要具备心理健康、社会适应良好和有道德。"① 因此，现代人的健康内容除了躯体健康、心理健康和社会适应良好以外，还包括道德健康。只有拥有这四个方面的健康才算是真正的健康。

杜威曾经说过："我们不管道德是新是老，只管它能否帮助发展和生长，要是不能，老道德固然要不得，新道德也无用。"② 一句话，生命道德教育的促进功能主要在于，为生命的健康发展提供有效能量，激活、唤醒人们的生命道德意识，培养、提升人们的生命道德能力。具体而言主要有：一是培养人们的生命理性；二是唤醒人们对生命的关爱之情；三是使人们得到全面发展。

(四) 生命道德教育的转化功能

社会个体要形成良好的社会公德，固然需要外在的制度和法制约束，但更需要通过感化教育和内在的心灵选择来发挥作用，也就是说必须转化成人们内在的自觉意识。这里所谓的转化，就是在生命道德教育中，教育者通过采取各种方式，帮助受教育者改变他们的思想，纠正他们既有的不正确的思想认识，把错误的思想认识导入正确的轨道。生命道德教育的转化功能，实践中主要体现为以下几个方面。

第一，认知的转化。认知的转化是指在形成一种新的认识的基础上，使受教育者逐步改变原来不合理、不正确的认识，使已经具有的认识水平得到改进。比如关于生与死的认识、生命的意义、生命信仰的认识等。前面提到过，生命信仰是指个体对自己生存的意义和价值、生活的前途和命运以及人生的状态和归宿等命题的最高信念及坚持，是人们对于生活的目的、意义和价值的本质把握与升华。面对青少年中出现的一些只知科技不懂价值信仰的精神畸形儿，信仰教育可以通过社会规范和价值追求的传递，让青少年主动修正现有观念的不足与片面，正确认识现实，感受现实，通过过去与现在的对比，不断根除原有的思想意识，使人们的认识符

---

① 闫振龙等：《大学生综合健康体系评价研究》，《西安交通大学学报》2012年第1期。
② [美] 杜威：《杜威五大讲演》，胡适译，安徽教育出版社1999年版，第281—282页。

合时代的要求，为自己超越多元选择的迷茫状况提供价值导向。避免在不健康的信仰影响下精神颓废、人格扭曲、行为堕落。"帕格森在考察生命进化时指出，'处在生命源头的正是意识……意识是一种对创造的需要，它只有在可能进行创造的地方，才对其自身显示出来。当生命被注定为自动机能（无意识机能）的时候，意识就处于睡眠状态；而一旦恢复了选择的可能性，意识便苏醒了。'……意识照亮了人与世界间巨大的缺口，照亮了人的无意识领域，将生命复杂性推向新的高度"[①]，"教育必须着眼于意识的唤醒……从生命深处唤醒人的生命意识，将人的创造力、生命感、价值感唤醒"[②]。帕格森对意识还有一个比喻："意识或许只是微弱的烛光，但这烛光可能燃成熊熊的烈火，使生命呈现出迷人的神奇。"唤醒生命发展的意识，达到认知的转化。

第二，态度的转化。所谓态度的转化也就是指人们改变原有的态度，进而确立一种新的态度。态度转化的最终目的是使人们形成正确的生命观、尊重客观规律，从现实出发，使自己的思想观念符合客观现实。譬如，人类对待自然的态度，千百年来，在人类与自然关系中存在的是一种"人类中心观"，这种观念认为人类始终是自然界的主人和征服者，自然界的一切必须服从于人类的利益和需要，人类对自然拥有绝对的使用和开发权，认为只要对人类有利，对其他存在物所采取的掠夺行为，都是合乎道德的。其实，马克思、恩格斯早就把人与自然的关系视为道德观念应当反映的现实关系之一，他们指出："这些个人所产生的观念，是关于他们同自然界的关系，或者是关于他们之间的关系，或者是关于他们自己的肉体组织的观念。"[③] 很显然，生命道德教育应该纠正人们的这种根深蒂固的思想观念，帮助人们改变态度，形成"天人合一"的思想，认识到人类只是自然大家庭中的一员，与其他成员和睦共处。

"面对生命中的不期而遇，重要的不是发生了什么，而是我们处理的方法和态度。假如我们转身面向阳光，就不可能陷身在阴影里。"[④] 态度的改变是漫长而艰辛的，尤其对一些特殊的群体来说，对生命的认识态度

---

① 冯建军：《生命与教育》，教育科学出版社2004年版，第155页。

② 同上。

③ 《马克思恩格斯全集》第3卷，人民出版社1979年版，第29页。

④ 叶坚颖：《生命的空隙》，《教育教学论坛》2010年第21期。

有着许多不良倾向。对这部分人要特别的关心，让他们感受到关怀与温暖，同时为他们提供发表其观点的渠道，而后给予引导与转化，使他们能有效地认识现实，从而将其思想转化到正确的思想层面上，形成符合时代发展的态度，使社会更加稳定。

　　第三，行为的转化。行为的转化，一般而言是因为人们所处的社会环境、生活方式、知识素养等因素发生了变化，人们的行为也随之相应地产生变化，改变旧的行为方式，形成一种新的行为方式，并对其加以巩固。由于所处的社会条件、生活方式、知识素养等因素的影响和变化，人们的行为不断得以发展变化。当前，针对有些人对待生命的不良行为习惯，生命道德教育就是要让其认识到生命需要用真心演绎，需要尽全力走好每一步，需要用心呵护，这样，生命的道路就能达到美的极致。面对人们的不良行为，要耐心细致地去做工作，让他们能够接受新的行为习惯和方式。从而，让青少年认识生命之真，珍惜生命，在不断的提高中，形成不愧为"万物之灵长"的智慧生命。

　　一个人，尤其是成年人，一旦具有某种固有的观念或产生不正确的行为后，就容易形成一种思维定式和行为习惯，不太容易更改。有时，人们接受教育之后发生了转变，但有可能又会出现反复的现象。毛泽东同志曾经指出："一个正确的认识，往往需要经过由物质到精神，由精神到物质，即由实践到认识，由认识到实践这样多次的反复，才能够完成。"[①] 所以，教育者一定要耐心等待，持之以恒，不怕反复，多进行教育，巩固和扩大思想转化的成果。

[①] 《毛泽东著作选读》下册，人民出版社1986年版，第840页。

第二章 生命道德教育思想的历史考察

第一节 中国文化中的生命教育思想

生命道德教育这个概念虽然是近几年才提出来的,但人类关于"生从何来,死往何去"的追问和对生命的本源、生命的结构以及生命的价值、生命的意义的认识和思考,从来都没有停止过。一部人类文明史就是人类不断追求自由、追求生命意义的历史。珍爱生命、尊重生命在我国有着优良的传统和深厚的文化底蕴。中国文化历史悠久,在浩如烟海的典籍中,有关生命的思想无比丰富。古人云:"不考其源流,莫能通古今之变;不别其得失,无以获从入之途。"我们要研究生命道德教育这一问题,必须对其相关的生命思想做以追寻与考察。这些都是生命道德教育不可或缺的理论基石。

一 中国古代有关生命的伦理思想

(一)儒家有关生命的伦理思想

在中国传统文化中,儒家思想占有显赫的地位,而儒家对生死问题的探索亦是其思想宝库中重要的组成部分。在古人看来:人与天地之间相通晓,只有对天和人有所认识,才能明确自己担负的使命,才能顺其自然。儒家将生死矛盾落实到有限的人生之中加以阐释,体现了儒家重视现实世俗生活、强调德性人生的思想特征。在这方面,孔子和孟子的思想是其集中体现。

翻开春秋时期伟大的思想家、教育家、儒家学派创始人孔子的语录——《论语》,其中有关生命的思想,至今仍有很强的生命力。《论语·先进》说:"季路问事鬼神。子曰:未能事人,焉能事鬼?敢问死。曰:未知生,焉知死?"这段话体现了孔子和儒家学说的精华之一:反对盲目崇拜鬼神,更反对不把人世间的事情做好而把时间、精力、金钱都花费在敬奉鬼神上面，提倡以人为本的人本主义精神。其中，"未知生，焉知死？"的意思就是：活人的事情还没有弄清楚，活着的时候应该怎样做人还没有弄懂，哪有时间去研究死人的事情和该为死人做些什么？这段话也道出了孔子的生死态度，在孔子看来，生是当下首要解决的事情，生的问题都弄不清楚，就不要忙着考虑死的问题。的确，对一个活着的人来说，一生要做的事情实在是太多了，面对丰富多彩的现世生活，死亡尚无暇顾及。再者，生是眼下看得到、可知的事，是可以把握的，因而，知生、乐生是能够做到的。所以，搞不懂人生的价值和意义，搞不懂人为什么活着，也就不必去谈论死的问题。"未知生，焉知死"是一种重生轻死、乐生恶死的讲究现实的人生态度，它提示我们要把全部时间和精力都集中在生的问题上，专注于有限人生的价值与意义问题，尽力享受人生的乐趣。这种观点无疑具有积极的意义。《论语·尧曰》："不知命，无以为君子。"意思是说不懂得命运，就没办法当君子。"知命"就是"知天命"。"知命"还应该包含以下含义。知道生命只有一次，而且很短暂，所以应该抓紧时间学习与工作，使生命有意义。孔子的学说，最核心的观念即为"仁"。什么是"仁"？孔子回答樊迟曰"爱人"①，仁是五伦关系中所表现出来的"为他人"而非"为自己"的品质。例如，在孔子的仁爱学说里，他认为：人有行仁、行义的权利和自由，是被尊重、被爱护的客观对象。人不但是目的，而且也是对他人施加仁爱的道德主体。作为道德主体，人施爱于他人的愿望和行为不是被动的，而是其自愿的选择，是主动的，是其本身作为主体的力量的体现。所以，孔子才说："为仁由己，而由人乎哉？"②"为仁"是一种道德选择，一般来说，道德选择最终取决于主体自身的决定。在某种意义上，道德可以说是一种精神追求，是一种诉诸主体的心灵需要和意志自由。在这一点上，人完全应当把握自己，也就是所谓的"我欲仁，斯仁至矣"③。现实生活中，人们遵循道德规范，以便使自己的行为合宜，在孔子看来，这不存在"能不能"的问题，只存在"愿不愿"的问题。所以，他又说道："有能一日用其力于仁

---

① 《论语·颜渊》。
② 同上。
③ 《论语·述而》。

矣乎？我未见力不足者。"① 就为仁行善而言，人可以"由己"的，有着充分的意志自由。在《论语·学而》中，孔子说："其为人也，孝弟，而好犯上者，鲜矣；不好犯上，而好作乱者，未之有也……孝弟也者，其为仁之本与。"意思是说，做人，孝顺父母，尊敬兄长，而喜好冒犯长辈和上级的人，是很少见的；不喜好冒犯长辈和上级，而喜好造反作乱的人，是没有的。所谓孝悌，可看作"仁"的根本，它启示我们今天开展德育，应该教育学生从做人开始，这是开展生命道德教育的有效途径。

孟子的生命思想与孔子的生命思想是一脉相承的，而且有所发展。孟子提出了"人性本善"的观点，孟子曰："人性之善也，犹水之就下也。人无有不善，水无有不下。"② 而且提出了人性之善中所包括的"恻隐之心""羞恶之心""恭敬之心""是非之心"。他说：

> 恻隐之心，仁也；羞恶之心，义也；恭敬之心，礼也；是非之心，智也。仁义礼智，非外铄我也，我固有之也。③

所以，"无恻隐之心，非人也"。在《孟子·尽心上》中，孟子提出："尽其心者，知其性也。知其命，则知矣。存其心，养其性，所以事天也。夭寿不贰，修身以俟之，所以立命也。"在他看来，人心来自天心，人如果能够尽心尽力，激发自己的潜能，实现自己的善根，他便能知悉生命的真谛，也就能够直接"知天"，知悉天心的真谛。能够"知天"，也才能够完成安身立命之道。

孟子明确地提出"立命"说，认为人的寿命皆由天定，对于这种定数，人们应该积极面对，珍惜每一寸光阴，完成生命的责任，这就是安身立命之道。面对有限的生命，孟子的态度不是消极地对待，而是激励人们克服生死困惑，建立生命的意义，充分彰显了生命的庄严性。

（二）道家有关生命的伦理思想

道家是中国传统经典文化谱系中直接以其独特而深厚的生命哲学观念而存在的重要一脉。在中国传统文化中，道家也深刻地影响了中国人的文

---

① 《论语·里仁》。
② 《孟子·告子上》。
③ 同上。

化心理、民族性格和人生情趣。

"人法地，地法天，天法道，道法自然"①，道家以道为本，崇尚自然，从人和自然的联系中探讨生命问题。老庄认为，人的生命是源于自然的，并且统一于自然，只有在自然给予的条件下才能生存，所以必须遵循自然的法则。将人生命的存在过程向着他生命的发源地推进，期望最终达到与自然、人类、天地、宇宙的精神合而为一，也就是"天地与我共生，万物与我为一"的生命境界。这也正是老庄之"道"产生、形成的动机与愿望。

道家认为在世界万物中，个体生命是最高贵的存在。道家哲学以生命为本位，其他一切问题都服从于生命问题，其价值取向不是追求伦理的至善，而是追求人性的至真、个性的自由和生命的超越。此外，对个体生命精神的重视也是老子道家学说的特色之一。老子认为，对于一个人，名利得失等等，那些都是外在的、无足轻重的，只有生命才是最重要、最值得珍惜的。很多人不惜以生命为代价去追逐身外之物，那是不明智的。"故知足之足，常足矣"，内心满足了就会觉得充实。人一旦在精神上超越了生死、名利，那么一切烦恼和牵累就会烟消云散，生命本真的意义就会显露。所谓实现自我就是自由表达真实的本性，实现生命本真的意义。真正能够做到这一点，也就达到了超越自我的境界，尽窥天道，也才能真正尽情地享受到生命存在之美好。道家重生，主张珍惜生命，他们认为生命比名誉、利益、权力等更真实、更可贵和有价值。老子说："故贵以身为天下，若可寄天下；爱以身为天下，若可托天下。"意即一个人若能贵身爱身，则可将天下托付给他。因为一个人只有珍重爱惜天下人的生命，才堪当治理天下之大任。在老子那里，"身"代表生命的重要组成部分甚至整个生命，老子对"身"的重视实际上反映了他对生命的看重。其次，老子对个体生命价值的重视还体现在其贵生思想中。"生"在《老子》中有38处，其中用作"生命""生存""生活"之义的有16处。老子对是"生"的看法可以概括为一句话：珍惜生的状态，希冀生的永恒。

老子的重身贵生思想为庄子所继承。庄子对个体的生命价值极为重视，他对生命价值的重视反映在他的保身、全生、尽年等主张中。庄子认为，每个人都有其天然的生命时限即"天年"，只有享尽天年，走完应有

---

① 崔仲平注译：《老子译注》，吉林文史出版社1996年版，第90、167页。

的生命历程，才是符合自然之道的。

道家对儒家伦理持激烈的批判态度如"弃仁绝义"，并不是要抛弃伦理道德本身，而是要抛弃深恶痛绝的宗法社会伦理道德的弊端与伪善。老子主张摆脱不合理的社会规范和人性的异化状态，保持生命的纯真与完善，遵从客观的、无所不在的自然之道，去实现人生理想和价值，这与儒家伦理之追求大义而实现人生意义有着异曲同工之妙。老子的"清净寡欲"思想从一定意义上可以说是一种对生命的终极伦理关怀，它能引导人超越日常吃穿住行的世俗生活和感性欲望，进入对终极价值的思考中。

可见，道家所崇尚的自然纯真的生命存在方式，并不是简单而粗陋的自我保全主义，而是对生命精神本质的深刻理解，是对生命终极价值的积极追索，因而从某种意义上说，它崇尚的是更高层次的道德存在方式。

(三) 佛教的生命思想

佛教，于汉代以后进入中国，在汲取了儒家和道家的生命文化思想后，形成了一种禅宗哲学。"禅宗一方面吸收了儒家的积极入世的生命态度和生命情怀，把人的日常生命活动都看作是寻求解脱的'妙道'，认为一切事物中都体现了'真如'……通过对有限日常生活的超越，最终顿悟成佛。另一方面，又采纳了道家的超越物质生命的出世哲学，主张现实世界里的一切包括人的个体生命都是依存于'心'（类似于老庄的'道'），也就是'佛性'的……通过人对'佛性'的追求来实现自己的生命价值。"[①]

佛教认为要通过三个超越才能达到人格的完善[②]：一是超越自然；二是超越自我；三是超越现实。例如，慧能的"菩提本无树，明镜亦非台。本来无一物，何处惹尘埃"的主旨就是人性本净，净则空，空则不受外染。要悟得人生真谛。在佛教的生命观中，主体既超越了自我，又超越了人伦与社会，更超越了现实。佛教的生命思想主要包括以下方面。第一，生命无常，要倍加珍惜。佛教认为人的生命是非常珍贵的，也是无常的，死亡随时都会降临。所以，一定要加倍珍惜这来之不易的生命，千万不能浪费、虚度。佛教强调人的内在精神生命，而忽视物质上的追求。它非常重视生命的质量，提醒人们认认真真地过好每一天，以免失去才感到后

---

① 刘济良：《生命教育论》，中国社会科学出版社2004年版，第19—20页。
② 张世欣：《道德教育的四大境界》，浙江教育出版社2003年版，第237页。

悔。第二，超越现实的矛盾，用一颗平常心去追求生命的本质。禅宗的根本观点在于教育和引导人们超越现实矛盾，寻求生命本质，进而实现心灵的自由。而要做到这一点，就必须拥有一颗平常心，也就是人应该具有一种平易闲适的处世态度。第三，用平静的心境去体会生命的幸福。在参禅悟道时，佛教非常重视人的心境所发挥的重要作用，只有拥有平静的心境和平和安然的心情，才能真正地体会到生命的充实和幸福，体会道的真谛。第四，佛教以人生解脱、普度众生为教旨，在生命关切的基点上构建了佛教注重宇宙整体生命关联的世界观和方法论。世界上的任何事物都不是独立产生和存在的，每个人都与众生息息相关。佛教肯定人的佛性，认为在生命谱系中，众生平等，"善有善报，恶有恶终"，生命在本质上具有一致性。第五，佛教倡导用平和的心态去体验生命，体验生命的充实和幸福，放弃无望的追求而提高人的尊严和生命意识，放下外在的生命物欲，使人具有自由、豁达的生命素质和品质，从而表现出人性中的真、善、美，使人从有限的生命进入无限的生命，到达高远、圆满的境界。

佛教对生命的爱护思想也富有特色。不杀生是佛教的基本戒条"五戒"之一，它是受护生思想的影响而建立的。《法句经·刀杖品》说："一切惧刀杖，一切皆畏死，以此度他情，莫杀教他杀。于求乐有情，刀杖加恼害，但求自己乐，后世乐难得。于求乐有情，不加刀杖害，欲求自己乐，后世乐可得。"予人与乐，才能自己得乐，生命的价值在于为别人提供快乐，杀害其他生命，也在于残害自己的生命。佛教要人尊重别人的生命，尊重人的尊严，这一思想是难能可贵的。[①]

通过以上分析，我们可以看出，中国古代生命哲学的一个明显特点是在关注人现实物质生命的基础上，更加注重人的生命的精神性，提出修养内在精神，达到超越生与死的境界；"无论是儒家的内圣外王的入世人格，还是道家的自然无为的隐世人格，抑或是佛家与世无争的出世人格"都强调了人生命的宝贵，人必须在保全生命的前提下，使自己的人格得到陶冶与升华；"儒、道、佛的三位一体，使得中国人在任何时候都能自定自持，'穷则独善其身，达则兼济天下'；又能进退互济、刚柔并济，极具弹性，得意时是儒家，失意时是道家，绝望时是佛家，在任何境遇下都

---

① 海波：《佛说死亡——死亡学视野中的中国佛教死亡观》，陕西人民出版社2008年版，序第2页。

不会丧失安身立命的基地"①。

二 中国近代关注生命的教育思想

近代以来,西方"民主科学"思想传入中国,随着维新运动的推陈出新,对生命自由之关注,取得了很大的进步。蔡元培、陶行知以及陈鹤琴等教育家纷纷主张个体生命的自由发展,下面是他们的思想观点。

(一) 蔡元培的生命教育思想

蔡元培认为可以通过"自由个性的教育"这一途径,去培养学生"完整的人格"。1912年,蔡元培发表系列文章,指出教育"应当从受教育者本体上着想","以养成共和国民健全之人格",达到造就"公民"的目的。要培养"健全的人格",必须在"共和精神"的指导下,接受五个方面的教育即军国民教育、实利主义教育、公民道德教育、世界观教育和美育才能完成。② 蔡元培还主张发展人的个性,崇尚自然。他说:"教育是帮助被教育的人,给他能发展自己的能力,完成他的人格,于人类文化上能尽一分子的责任;不是把被教育的人,造成一种特别的器具,给抱有他种目的的人去应用的。"③ 他反对"注入式"的教学方法,提倡以个体积极的行动来显现其作为生命个体存在的价值与尊严,要有"自学""自助"的精神,使学生的个性和才能得到充分发展。

(二) 陶行知的生命教育思想

近代教育家陶行知先生扬弃和借鉴了杜威的教育思想,提出"生活教育"的理论,他认为:"从定义上说,生活教育是给生活以教育,用生活来教育,为生活向前向上的需要而教育"④,主张以人为本,用生命理解教育,在社会生活、在自然中实施教育。在他看来,生命的尊严是至高无上的,应该从以人为本的理念出发,重视个体生命道德教育。爱,是陶行知毕生事业的灵魂。他说:"你的冷眼里有牛顿,你的歧视里有瓦特,你的讥讽里有爱因斯坦。为人师者首先要爱自己的学生,爱他们的优点,

---

① 梅萍等:《当代大学生生命价值观教育研究》,中国社会科学出版社2009年版,第44页。
② 虞萍:《中西方生命道德教育比较》,硕士学位论文,南京林业大学,2008年。
③ 蔡元培:《教育独立议》,《蔡元培全集》第4卷,中华书局1989年版,第177页。
④ 陶行知:《谈生活教育》,《陶行知全集》第5卷,中华书局1989年版,第476页。

也爱他们的缺点,亲近他们。少一点审查责备的目光,多一些欣赏鼓励的热情,帮助他们在成功和失败的体验中不断努力,这种教育至关重要。"①他以语言和行动诠释了什么是真正的爱。

(三) 陈鹤琴的生命教育思想

陈鹤琴提出了"活教育"理论。他主张,教育要关注生活,紧密联系自然与社会,不可一味地沉迷于书本知识,批判教师"死教书、教死书";学生"死读书、读死书"的现状,他说:"教死书,死教书,教书死。读死书,死读书,读书死。"这两句话,是陶行知先生在10年前描写中国教育腐化的情形。这种死气沉沉的教育,到今天恐怕还是如此,或许更糟糕一些。我们应当怎样使这种腐化的教育,变成前进的、自动的、活泼的、有生气的教育?我们怎样使教师:教活书,活教书,教书活?我们怎样使儿童:读活书,活读书,读书活?这个问题,实在很重要!这个使命,实在很重大!② 真正的知识是在生活中发现和获得的。他的思想对我国的幼儿教育产生了深远的影响。

有人曾经做过这样的比喻,如果把中国古代教育思想的发展比作源远流长的长江大河;那么,中国近代教育思想的发展就好像是奔突于崇山峻岭之中的急流。前者流势平缓,浩浩荡荡,凝重深厚;后者流势湍急,跌宕起伏,变化万千。③ 这些教育思潮有的转瞬即逝,有的至今仍然还存在着巨大的影响,其中就有很多力主生命自由发展的教育家和思想家,在这些教育家和思想家当中比较有代表性的个人就有蔡元培、陶行知和陈鹤琴。他们的思想开启了现代思想的大门,使人们得以在新的起点上对人的生命进行重新界定和思考。

第二节 西方文化中的生命教育思想

任何一个事物的全部现状,既有当前社会的影响,又有其以往历史的痕迹。西方文化中有关生命的思想极其丰富,这些都是生命道德教育研究

---

① 虞萍:《中西方生命道德教育比较》,硕士学位论文,南京林业大学,2008年。
② 陈鹤琴:《小学教师发刊词》,《陈鹤琴全集》第4卷,江苏教育出版社1992年版,第314页。
③ 田正平:《中国近代教育思想散论》,《教育研究》1990年第4期。

不可或缺的理论基石。

一 古希腊罗马时期的生命教育思想

在古希腊时期，人们对自身的生命和生活是非常关注的，也是很重视的。他们追求幸福，追求生命及生活的意义和价值，追求人格的完满。曾经有人说过，一部希腊思想史，就是围绕着人的生命和生活这一主题展开的。在古希腊时期，最早而且明确地提出重视人的生命，关切人的生命思想的哲学家是毕达哥拉斯。与其他自然哲学家不同，毕达哥拉斯的哲学较早地涉及道德领域。亚里士多德曾经说过，毕达哥拉斯是第一个试图讲道德的人。毕达哥拉斯生命哲学的核心是"和谐"，他指出：和谐即是善，反之即是恶。由此可以得出一个结论，这里的"和谐"主要是指道德。他认为，"美德乃是一种和谐，正如健康、全善和神一样。所以一切都是和谐的，友谊是一种和谐的平等"[1]，可见，"和谐"，是毕达哥拉斯及其学派的最高的哲学概念。他们认为，教育的作用就在于教育可以使人的灵魂得以净化、达到和谐的地步。另外，毕达哥拉斯主张"一切生物都有共同的灵魂，灵魂是不朽的，人需要净化自己的灵魂"[2]，世界上最宝贵的唯有生命，而且一切生命都是神圣的，都是平等的。因此，杀生现象不应该出现，在他看来，杀生与杀人没有什么区别，只不过是形式不同而已。总之，毕达格拉斯对于人的生命的关注，对希腊思想的发展产生了深刻的影响。

苏格拉底认为，物质世界仅仅是人们的生命形成和发展的条件，人生的真正意义及价值在于人的心灵，在于人们的灵魂的丰富和安宁。在这种认识基础上，苏格拉底提出了自己的生命学说。首先，他认为真正有意义的生命及有价值的生命在于道德上的"善"。大多数情况下，一个人的生命能够发出耀眼的光芒，是由道德的高尚带来的。人的生命中存在着很多道德的方面，而这些是决定人的生命有无价值以及价值大小的重要因素。其次，他强调反思的人生。苏格拉底有句名言："未经思考过的人生不值得活。"这句名言的意思正是表明：人们要对自己的人生、自己的生命不

---

[1] 北京大学哲学系外国哲学史教研室编译：《古希腊罗马哲学》，商务印书馆1961年版，第36页。

[2] 梅萍等：《大学生生命价值观教育研究》，中国社会科学出版社2009年版，第31页。

断地进行反思,去寻求生命的意义及生活的价值。如果人们不对自己的生命和生活进行反思,而是得过且过,那么他们的人生就是悲哀的、惨淡的,他们的生命就会失去自身的光彩。最后,他认为人能够对自己的生活和生命进行不断地反思,并在此基础上去追求更加美好的人生。要使自己活得有意义,人们就应该不断地去思考和探究:究竟怎样生活,才是有意义和幸福的,才能找到生命的真正价值。正因为如此,苏格拉底认为,"思本身即是最高之生命"。

论及生命与德性的关系,苏格拉底认为,真正宝贵的是人的灵魂,而不是身体。为了使生命的德性成为实践,苏格拉底信奉两句格言:"认识你自己"和"切勿过度"。"生命的优秀与道德的优秀,生存的真实、丰满与思考的自觉、理性,在苏格拉底身上达到难得的合一。"[①] 苏格拉底首创了"苏格拉底法"。他认为:德性就是知识,知识是可教的,是人心灵先天就有的,通过一系列的引导、启发,也就是"教育",引导人们走向知识和美德。

柏拉图继承和发扬了苏格拉底的生命教育思想,他强调教育在人的生命发展过程中发挥着不可替代的作用,只有教育才能使知识达到灵魂的最高状态,灵魂的转向只有通过教育才能实现。根据生命的发展,他设计了教育课程,制定了教育制度。柏拉图认为,知识是教化的力量,在它的促进下生命得以逐步提升,到达理性的境界。其次,柏拉图的生命教育思想也是一种和谐的、全面发展的思想。他指出,人的生命不仅只是肉体的存在,还包括精神和灵魂。灵魂由理智、激情和欲望三个部分构成,这三个部分虽然起着不同的作用,但却能够达到和谐。作为提升人之生命的教育,关系到人的本性的各个方面。因此,柏拉图的教育发展的是人的整体生命,而不是欲望、激情或理智的单独发展。"只有整个的人性已经发展了,那时才有和洽的心灵,始有良善的人,始有完善的国家。理想国的实现、道德的完成、人性的发展,完全依赖适当的教育。"[②]

亚里士多德继承了柏拉图的哲学思想。在古希腊罗马哲学中,大多倾向把人的生命分为灵魂与肉体两部分,追求人的生命的灵魂与精神的一

---

① 包利民:《生命与逻各斯——希腊伦理思想史论》,东方出版社1996年版,第168页。
② 吴式颖、任钟印主编:《外国教育思想通史》第二卷,湖南教育出版社2000年版,第281页。

致。亚里士多德认为,"人是有理性的动物","幸福是生命的自然目的,也是最高的善"。"生命本身就是美好的,宝贵的;活着,好好地活着并感受之,这本身就是我们的存在,就是人的最高幸福。"实际上,亚里士多德指出了人类生命与其他生命的区别之处,就在于人类生命具有"理性"。而且亚里士多德提出教育应该"效法自然",强调生命的自然发展。

古罗马时期,生命教育思想总体上开始失落,但仍有古希腊生命教育思想的遗留。比如,普鲁塔克认为,儿童不是一个需要填满的罐子,而是一束需要点燃的火把,因此,真正的教育不应该是强制的。贾文纳尔认为要"给孩子以最大的尊严",等等。[①]

总之,在古希腊罗马时期,其中一个重要的文化哲学理念就是对人的生活和生命的关注及重视,创造和确立了人的理念,使整个生命得到全面发展。为生命道德教育理论奠定了坚实的基础,这也是古希腊、罗马人留给西方世界的伟大遗产。

二 近代西方的生命教育思想

虽然在古希腊时期,确立了人的理念,但是因为人们当时对人本身的科学认识还不够深刻,把人的发展看作自然秩序,认为教育的过程就是一个自然的过程,如同给种子浇水、施肥,让它自己开花结果。直到中世纪的经院哲学,才使这种自然的人性观得以改变。处于基督教思想体系的中世纪哲学认为,人一出生就带有"原罪",所以,人必须弃恶扬善,放弃所有的欲望,过禁欲式的生活。因此,"修道"成为中世纪一种有效的教育方式,目的是让人们清除邪念,达到清心寡欲的境界。这种情形一直持续到文艺复兴。

14—17世纪的文艺复兴,是一个以大写的"人"为特征的时代,黑暗的中世纪历史在这一时期彻底结束,近代西方人文主义的传统得以开始。在这一时期,人的生命、人的尊严及人的价值得到重视和尊重,是前所未有的。文艺复兴时期的教育也转换了中世纪的经院教育模式,而走向人文主义教育。

(一)人文主义教育

人文主义者声称,人是一切的出发点和归宿。人文主义者认为,人的

---

① 参见王明洲《新生命教育的哲学思考》,博士学位论文,苏州大学,2007年。

本质不应该从神的本质来理解，而是应该从人的自身来确定。人文主义最重视的乃是人的利益，最珍爱的乃是人的生命，最崇尚的乃是人的自由。人文主义教育者维多里诺、伊拉斯谟及蒙田等对儿童的体罚、恐吓等行为都进行过抨击，他们提倡积极的、快乐的教育方法。维多里诺尊重每个学生的兴趣和特长。经常根据学生的实际需要调整学习科目和教学方法。为了使学生在愉悦中学习，他还提出上课与游戏应交替进行。伊拉斯谟主张对儿童"首先要爱"，决不能使他们感到畏惧。即使是使用批评、惩罚等消极手段，也要以一个自由人可以接受的方式进行。蒙田认为，掌握孩子，应该让他们凭运气按自然和人类的规律发展。人文主义教育者强调，要尊重和顺应儿童的天性，对儿童实施自然的、人性化的教育。总之，文艺复兴时期的人文主义，从宗教和神学的统治下，把人们解放了出来，高扬人性，推崇人的价值和尊严，使人回归自然，提倡积极的、快乐的人生。人文主义的教育是对生命的一次追寻，它强调教育按照人的天性，促进人的自由和谐发展。

（二）自然主义教育

关于生命教育思想的论述，近代哲学中还包括自然主义教育，代表人物是法国思想家卢梭。从人的自然主义思想出发，卢梭强调对人的生命要进行自然的对待，他认为天性的教育、人为的教育和事物的教育是教育的三种来源。只有这三种教育协调发展，才能使人受到良好的教育。他提出"自然人"的概念，认为"自然人"应该是身体强壮，心智发达，道德纯正、意志坚强，判断敏锐的人。自然主义教育的目的在于培养适应资本主义生产关系和社会关系需要的身心和谐发展的人，重视和谐教育，教育学生通过自身的生活和活动去保护和完善生命。他说道："人们只想保全孩子的生命，这是不够的，他须接受教育怎样在他成长后保护自己的生命，经得起命运的打击……应着重在教他怎样生活而不是重在教他避死；生命并不只是一口气，而是在于活动，在于使用我们的感觉、心思、能力以及使我们觉察到自己存在的各部分机能。"① 由此可见，他是近代较早提出生命教育的思想家，其教育思想反映出对个体生命的关爱、尊重，体现西方古代生命道德教育思想进一步的飞跃。

---

① 张焕庭：《西方资产阶级教育论著选》，人民教育出版社1993年版，第99页。

三 现代西方的生命教育思想

17—18世纪,法国思想家帕斯卡尔从人的生命的根本困惑"我们从何处来?要向何处去?我们是什么?"出发,强调人是为了思想而生的。他在《思想录》中写道:"人不过是一根苇草,是自然界最脆弱的东西;但他是一根能思想的苇草……"正是因为人有思想,人就能思考自己的生命,追问自己的命运。"活着却不知人是什么,这真是糊涂得不可思议。"他要求人们认真思考,活得清楚、明白。可以说,18世纪的启蒙运动,掀起了思想的解放运动,主张用理性来评判一切。

(一) 生命哲学中的生命观

生命哲学诞生于18世纪末19世纪初,于19世纪末20世纪初达到空前的繁荣。尼采、狄尔泰等人的哲学思想,为生命哲学的空前繁荣奠定了坚实的理论基础。尼采强调:自然是生命的本性,自主是生命的作用方式,自我是生命的表现方式。[①] 这种道德是以自然生命为基础,以强力意志作为价值标准,以每一个人"成为你自己"为价值理想的。所以,尼采说:"这就是人的肉,一切有机生命发展的最遥远和最切近的过去靠了它又恢复了生机,变得有血有肉。一条没有边际、悄无声息的水流,似乎流经它、超越它、奔突而去。因为,肉体乃是比陈旧的'灵魂'更令人惊异的思想。无论什么时代,相信肉体都胜似相信精神","对肉体的信仰始终胜于对精神的信仰"[②]。总之,尼采重构的这样一种道德,其出发点和目的是给生命赋予意义,实质上,它是一种元道德意义上的生命意义哲学。狄尔泰,德国生命哲学的创始人,他并没有对生命进行刻意的界定,他把生命当作一种生活的过程,认为生命就是历史的生活,人们在历史、在生活中彰显生命的意义,体会生命的滋味。生命作为一种活力,应从不同侧面去理解。狄尔泰指出:"在生命的立场上,没有一条通过超出意识里包含的东西以达到某种超验的东西的证明途径。自我和他物或外界,都只不过是些包含于或存在于生活体验之中的东西。"[③] 狄尔泰理解和体验的方法,使主体连接了情、意,成为一个完整的人。当代西方哲

---

① 何仁富:《尼采的生命道德价值学说》,http://www.scuphilosophy.org/ScholarsLibrary。
② 同上。
③ [匈牙利] 卢卡奇:《理性的毁灭》,王玖兴译,山东人民出版社1997年版,第368页。

学，虽然很少以"生命哲学"命名，但是，他们倡导教育要打破知性对人的钳制，把教育过程变为对文化的摄取和人生的体验过程，通过文化理解，进而陶冶自己的人格和灵魂，唤醒人的精神和生命活力。

18世纪的启蒙运动，掀起了思想解放运动，主张用理性来评判一切。到了19世纪，对生命的理性认识和思考进一步深入，包含了一些积极进取和思辨的观点。德国哲学家康德认为："灵魂不死，并没有逻辑的确定性，但却有道德的确定性。"他反对自杀，因其并非"普遍的自然律"。他认为人应该有高尚的理想和远大的抱负，要充满生命动力，精神才有寄托，奋斗才有目标。

(二) 存在主义生死观

存在主义是20世纪影响较大的哲学流派，它对人类生存的关注，使之成为现代西方伦理学中最重要的组成部分。对传统的理性主义对人以及人的生命的异化与抽象进行批判以后，存在主义阐述了其生命观。存在主义的代表人物有萨特、海德格尔和雅士培等。萨特认为，要使人的生命获得意义，就必须引导人们进行自由的选择。"人是自己造就的；他不是做现成的；他通过自己的道德选择造就自己"，"生活在没有人去生活之前是没有内容的，他的价值恰恰就是你选择了的那种意义"。而海德格尔则从人的"本真生存"的角度出发，强调了生命"向死而生"的意义。海德格尔的生死观直面现实的人生，表达了他对人和人生及人的命运等问题的深切关怀。在他深奥的语言中传递给我们的信息是，面对死亡的必然性，生命还有什么意义？海德格尔的生死观向我们表明，死亡是人的存在中必须正视的一个方面，由于人有生存自由，所以，生命的意义答案完全取决于个人的选择。总之，存在主义哲学家普遍认为：人是绝对自由的，人的个性、人的生命以及人的生活的完成是人们创造的结果，唯有生命的存在是真实的，生命的意义和价值就在于对现实生活中人们本真生命的关注和呵护。教育的任务在于关注所有的人，在于引导学生去关注自己本真的生命存在，让教育为每一个人服务，为人生命的完善和发展而存在。

(三) 人本主义教育

人本主义教育，源于20世纪中叶的美国，是以马斯洛和罗杰斯等人为代表的。它继承了近代以来欧洲的人文主义传统，倡导符合人的生命本性，尊重人的生命和尊严，强调人的生命的自由精神。马斯洛认为，人有使自己趋向于更健康、更道德、更智慧、更美好和更幸福的自我实现的潜能和需要，所以应建立一种"更强调人的潜力之发展，尤其是那种成为一个真正人的潜力；强调人要理解自己和他人，并与他人很好地相处；强调满足人的基本需要；强调人向自我实现的发展"的人本主义教育。罗杰斯认为，教育就是一种整体人的学习，这种学习是"在认知上，在情感和需要上的一种统一性质的学习"。所以，人本主义是以"完整的人"的发展为基本取向，在潜能充分发展的基础上，实现丰满的人性。为了达到实现人的潜能的目的，罗杰斯把"以病人为中心的心理疗法"运用到教育之中，提出了"以学生为中心的教学"或"非指导性教学"的教学模式，要求教师尊重学生、欣赏学生。总之，人本主义教育强调对"自我"的正确认识并充分实现每个人的潜能，体现了对生命个性的呼唤。

在西方文化中，哲人们则主要从人的生命的理性与非理性的对立与统一中来探讨生命的意义和价值，其中，最根本的核心就是人的生命。

总之，中西方哲学家与思想家对生命的研究和对生命意义与本质的探索、思考有许多相通之处，梳理中西文化对生命的阐释，目的是从这些阐述中感悟人之生命的内涵，为我们今天进一步认识生命、理解生命、完善生命提供参考。先哲思想中蕴含的生命思想也为我们今天开展生命道德教育奠定了雄厚的理论基础，特别是许多思想家、哲学家本身就已经针对生命教育问题提出过自己的观点，这对于启发我们对生命道德教育的思考，开阔生命道德教育的视野，同时对于构建生命道德教育的理论基础和价值取向都具有十分重大的意义。

第三节　马克思主义生命思想

马克思庞大深邃的人学理论中包含了丰富的有关人类生命的思想，今天，重新审读马克思的关于人类生命的思想，对生命道德教育有着深刻的启迪与指导意义。

一　马克思有关生命本质的观点

人的自我认识既是一个古老的问题，又是一个现实的问题。在中外思想史上，许多思想家都从不同的角度提出了自己的见解，其中不乏真知灼见，为科学揭示人的本质提供了大量的思想资料。"人是什么？""人的本质究竟是什么？"马克思采用辩证唯物主义和历史唯物主义的立场、观点及方法,为我们揭开了人的本质之谜。他在《关于费尔巴哈的提纲》中提出了其最负盛名的论断:"人的本质不是单个人所固有的抽象物,在其现实性上,它是一切社会关系的总和"①,从而使人的本质问题在人类历史上第一次得到了科学的说明。这是对人的本质的经典性论述,是马克思对人的本质属性理论的一大贡献。

马克思关于人的本质理论指出了人的生命是自然属性和社会属性的统一。任何人都是处在一定的社会关系中从事社会实践活动的人。社会属性是人的本质属性,人的自然属性也深深地打上了社会属性的烙印。每一个人,从他来到世间的那天起,就从属于一定的社会群体,同周围的人发生着各种各样的社会关系,如家庭关系、地缘关系、业缘关系、经济关系、政治关系、法律关系、道德关系等。这些社会关系的总和决定了人的本质。人们正是在这种客观的、现实的、不断变化的社会关系中塑造自我,成为真正意义上的人,成为具有个性特征的自我。

从马克思这一关于人的本质理论中我们可以看出:

第一,人的本质不是先天的,而是在后天的社会生活和社会实践尤其是生产实践中形成的。我们不能撇开社会历史进程,孤立地把人当作一个抽象物来理解人的本质。人的本质是现实的、具体的,它"不是处在某种虚幻的与世隔绝,离群索居状态的人,而是在一定条件下进行的现实的可以通过经验观察到的发展过程中的人"②。马克思关于人的本质理论,不是研究孤立的、静止的"类本质",而是研究现实的、具体的、活生生的人的本质。

第二,人的本质是多方面社会关系的总和,其中,生产关系是其他一切社会关系的基础。所谓"社会关系的总和"是各种社会关系的有机统一,而不是诸种社会关系的机械相加。既不能依据人们在某一种或者某几种社会关系中所表现出来的属性,就轻易地给人们的本质下结论;也不能依据人们在某一特定的历史、时间、地点、条件下所表现出来的属性,就轻易地断定人的本质。应该对人的各种社会关系进行综合、全方位、辩证的分析,才能科学地认识人的本质。另外,各种关系绝不是平行、并列的,它们在决定人的本质的过程中,也不是具有同等的作用和意义。一般

---

① 《马克思恩格斯选集》第 1 卷,人民出版社 2012 年版,第 135 页。
② 同上书,第 153 页。

地说，在诸多社会关系中，物质的社会关系即经济关系或生产关系，处于主导的地位，起着支配、决定和制约的作用。

第三，由于人的社会关系会发生变化，所以人的本质并不是永恒不变的。人类社会总是不断向前发展和变化的，由于社会关系决定人的本质，社会关系是发展变化的，人的本质当然也是随着社会关系的发展而发展的。人的本质在不同的历史时代或不同的社会制度下，具有不同的表现和特点，这就是人的本质的历史性，马克思指出："整个历史也无非是人性的不断改变而已"①，根据人类社会每个阶段社会关系的不同特点，"各个人借以进行生产的社会关系，即社会生产关系，是随着物质生产资料、生产力的变化和发展而变化和改变的。生产关系总和起来就构成为所谓社会关系，构成为所谓社会，并且是构成为一个处于一定历史发展阶段上的社会，具有独特的特征的社会"②。而不同的社会条件下社会关系的差别，又是构成不同社会条件下人的本质差别的现实基础，正是由于这种差别的存在，显示出人的本质的、具体的、历史的特征。

综上所述，马克思立足于活生生的现实的人，从人的实践、从人的自我创造出发来研究人，从而有效地克服了以往哲学的抽象性。在马克思看来，人既不是纯粹自然的人，也不是纯粹理性的人，而是在现实生活中实践着的活生生的人。在实践的过程中，人与自然、人与社会以及人与自身的多重关系形成了现实的统一。

二 马克思关于生命价值的观点

"价值"是表明主体和客体关系的一个概念，是指客观事物对人们需要的满足。价值总是对人而言的，凡是能满足人的需要的东西，就有价值。价值是在与人的关系中产生的，并取决于满足人需要的程度。价值观是人们关于什么是价值、怎样评判价值以及如何创造价值等问题的根本看法和观点。价值观的内容，一方面表现为价值取向、价值追求，凝结为一定的价值目标；另一方面表现为价值尺度和准则，成为人们判断事物有无价值以及价值大小的评价标准。作为一种特殊的价值，人生价值是指人的生活实践对于社会及个人所具有的作用和意义。选择怎样的人生目的，走

---

① 《马克思恩格斯选集》第1卷，人民出版社2012年版，第252页。
② 《马克思恩格斯全集》第6卷，人民出版社1971年版，第487页。

怎样的人生道路，如何处理生命历程中个人与社会、现实与理想、付出与收获、身与心、生与死等一系列矛盾，人们总是有所取舍、有所好恶，对于赞成什么反对什么、认同什么抵制什么，总会有一定的标准。人生价值是人们从价值角度出发考虑人生问题的依据，人生价值包含两个方面，即社会价值和自我价值。人生的社会价值，是指个体的人的活动对社会以及他人所具有的价值。衡量一个人的社会价值是有其标准，这个标准就是个体对社会和他人所做出的贡献。人生的自我价值，也就是个体的人的活动对自己的生存和发展所具有的价值，主要体现在对其自身物质及精神需要的满足程度。人生的社会价值和自我价值二者之间是辩证统一的关系，人生价值评价的根本尺度，在于一个人的活动是否符合社会发展的客观规律，在于一个人是否通过实践促进了历史的进步。社会评价一个人的人生价值的普遍标准是劳动以及通过劳动对社会和他人做出的贡献。一个人对社会和他人所做的贡献越大，他在社会中获得的人生价值的评价就越高，反之亦然。价值问题，是人在社会关系中对于自己生命活动的反思。马克思认为，人的价值就是人通过劳动对他人、对社会的贡献，这可以称为"人生价值"。马克思主义生命价值观认为，人生的价值在于奉献，而不在于索取，他历来强调并身体力行于对人类的贡献。他认为，"历史承认那些为共同目标劳动因而自己变得高尚的人是伟大人物；经验赞美那些为大多数人带来幸福的人是最幸福的人"[①]。人们"只有在社会中并通过社会来获得他们自己的发展"。正因为如此，人应该为人类社会做贡献，人的价值就在于为人类社会做贡献。积极地为社会为他人做贡献，才能有高度的成就感，才能充分地实现自我价值。为人类多做贡献可以体现生命的精神境界和道德水平的高低。如果一个人只依赖于社会生活而不为社会做贡献，那他就成为社会的负担，就失去了存在的价值。为人类多做贡献可以体现生命的精神境界和道德水平的高低，可以赢得社会的尊重。

马克思主义价值观以集体主义为核心，"只有在集体中才可能有个人的自由"[②]。人的能力和社会成就的取得离不开个人的主观努力，更离不开集体的支持，人们在确立人生价值目标时，片面强调自我，终将丧失自我。

---

① 《马克思恩格斯全集》第 40 卷，人民出版社 1982 年版，第 7 页。
② 《马克思恩格斯全集》第 3 卷，人民出版社 1960 年版，第 84 页。

三 马克思关于人的全面发展的观点

人正是从不自由走向自由、从片面发展走向全面发展的。"代替那存在着阶级对立的资产阶级旧社会的,将是这样一个联合体,在那里,每个人的自由发展是一切人的自由发展的条件。"① 每个人自由而全面的发展,是马克思对资本主义条件下社会与人的全面发展、畸形发展的评判中揭示的关于未来新社会的基本特征,是马克思全部学说的最高价值体现,也是马克思一生追求的共产主义目标。

马克思一向认为,人类社会的历史就是一部通过人类自身的实践活动不断推动社会发展和人自身发展的历史。发展的内容归根结底是在生产力发展基础上的人和社会的全面进步。社会发展的最终成果是人类获得彻底的解放,创造出具有全面素质和真正自由自觉的人。

马克思主义关于人的全面发展的三个维度。

首先,人的需要和人的活动的全面发展。

马克思主义认为,人的全面发展首先充分体现的就是活动本身直接体现出来的,是能够适应不同的劳动需求并且在交替变换的智能中使自己先天能力即潜能和后天各种能力得到自由充分发展的个人。人的活动的全面发展还表现为人的需要和人的能力的全面发展。

其次,人的社会关系的全面发展。

社会关系是劳动实践活动的展开,社会关系实际上决定着每个人社会生活中可以发展到的程度,"个人的全面性不是想象的或设想的全面性,而是他的现实关系和观念关系的全面性"。社会关系是人们的生活实践的结果,并随着人们的实践活动的变化发展而变化发展,所以马克思说:"社会关系不是什么外部的东西,它们是人的自主活动的条件,而且是这种自主活动创造出来的",② "生产力和社会关系——这二者是社会的个人发展的不同方面"。③

再次,人的素质的全面提高和个性的全面发展。

马克思强调的人的本质是人的自然属性和社会属性、精神属性的统

---

① 《马克思恩格斯选集》第1卷,人民出版社2012年版,第422页。
② 《马克思恩格斯全集》第24卷,人民出版社1979年版,第55页。
③ 《马克思恩格斯全集》第31卷,人民出版社1998年版,第101页。

一。要实现人的本质必须使这三种属性全面地得到发展。就是说不仅要使人的自然属性和精神属性的组成部分的体力和智力都得到自由而充分的发展,而且要使精神属性和社会属性也得到相互协调发展。就是说马克思主义关于人的全面发展理论应该蕴含三个方面的规定性:一是人的体力和智力的充分统一发展;二是人的才能和兴趣爱好的多方面发展;三是人的道德水平的发展。

马克思在分析人的全面发展的条件时,特别强调了教育的作用。"教育会生产劳动能力"[①],它"不仅是提高社会生产的一种方法,而且是造就全面发展的人的唯一方法"[②]。正是教育使人们不断获得新的知识、经验和技能,拥有新的认识能力、劳动能力和生活能力。马克思说:"要改变一般人的本性,使它获得一定劳动部门的技能和技巧,成为发达的和专门的劳动力,就要有一定的教育或训练。"[③]

通过以上分析,可见马克思对生命本质及生命价值的分析是丰富而全面的,这就为我们科学认识当今时代人们的生命观,对其进行科学的价值引导提供了理论依据和分析方法。

---

① 《马克思恩格斯全集》第33卷,人民出版社2004年版,第249页。
② 《马克思恩格斯全集》第23卷,人民出版社1972年版,第530页。
③ 同上书,第195页。

第三章 生命道德缺失的现实表现与原因

第一节 生命道德缺失的现实表现

现实生活中,生命道德出现了缺失。生命道德的缺失主要表现为漠视生命现象,对自然的征服与掠夺,人类对自己生命意义的迷失。

一 漠视生命现象

漠视生命现象大量存在,包括漠视自己生命现象,漠视他人生命现象,漠视他类生命现象。

（一）漠视自己生命现象

据世界卫生组织估计,全球每年约有100万人死于自杀,而中国就占了28.7万人。在这些自杀的人中,青少年占很大的比例。北京心理危机研究与干预中心的调查显示,自杀已经居我国15—34岁人群死亡原因的首位。中国青少年的自杀率近年来处于上升的趋势,其中15—24岁的自杀者已经占到自杀总人数的26.64%,25—34岁为18.94%。[1] 根据世界卫生组织首份预防自杀报告,低收入和中等收入国家约占到总自杀群体的75%。[2] 中国青少年的自杀率,在国际上也是处于中间偏上的位置。

1. 大学生漠视自己生命现象

有关材料显示,目前我国大学生自杀率为每年十万分之二到十万分之四,大学生漠视自己生命的现象还是比较严重的。

2005年4月22日下午4点,北京大学理科2号楼内,一名女子从

---

[1] 许燕主编:《救援生命重建希望——大学生自杀的鉴别与预防》,北京航空航天大学出版社2006年版,第11页。

[2] 世界卫生组织:《世卫组织首份预防自杀报告》,http://www.who.int/mediacentre/news/releases/2014/suicide-prevention-report/zh/。

9楼坠下，据查为该校03级中文系本科生。以下是该女生死前留下的遗书：

> 我列出一张单子
> 左边写着活下去的理由
> 右边写着离开世界的理由
> 我在右边写了很多很多
> 却发现左边基本上没有什么可以写的：
> 回想20多年的生活/真正快乐的时刻，屈指可数/记不清楚上一次发自心底的微笑是什么时候/记不清楚上一次从内心深处感觉到归宿感是什么时候/也许是我自己的错吧/不能够去怪别人/毕竟习惯决定了性格/性格决定了命运/我并不是不愿意珍惜生命/如果某一时刻你发现活下去/二十年，三十年/活着，然而却没有快乐，没有希望/不愿去想象/还要这样几十年下去/去接受命运既定的苦难/看着心爱的人注定的远去/越来越不堪忍受的环境/揪心的孤独感，年轻不再/最终多年以后一个孤苦伶仃的可怜老人形象/没有亲人，没有朋友，苟延残喘活在过去回忆的灰烬里面/那又为什么不能够在此时便终结生命？/不用再说生命的价值了/是的/比起任何一个还要忍受饥饿、干渴、瘟疫的同龄人/我真的觉得自己很幸福，但这是相对的/二十年回忆中真正感到幸福的时刻屈指可数/我不明白/为什么小学的时候无比盼望中学，曾经以为中学会更快乐/中学的时候无比盼望大学，曾经以为大学会更快乐/盼望离开欺负与讥讽自己的人/盼望离开被彻底孤立的环境/人生每一个阶段的最后，充满了难以再继续下去的悲哀/不得不靠环境的彻底改变来终结/难道说到了现在/已经走到了终点/对于亲人，我只能够无奈/或许死后的寂静/就是为了屏蔽他们的哭声/就是能让人不会在那一刻后悔/是的，二十年/但是却无法忍受这种行尸走肉一般的生活/觉得生活如同死水泥潭一般/而我自己其中/猥琐、渺小而悲哀/不可能再做出任何改变/如果人死的时候可以许一个一定会实现的愿望/我也许会许下让所有人更加快乐吧/人应该有选择死亡的权利/无法负担以前或许不明白这种感觉/对自己的悲哀/痛到心尖在颤抖/或许死亡本身就是一个轮回的开始/用悔恨来洗刷灵魂

然后新生/或者回到过去重新开始①

这份不算太短的遗书对该女生20年的生活做了简要的回顾总结，我们可以看出：一个竟然找不出活下去理由的人，内心经历了如何的挣扎与冲突，死成了唯一的选择，无法不令人痛感悲凉。在常人眼中，能在激烈的竞争中脱颖而出，成为令人羡慕的北大学子，应感到万分的欣喜与荣幸。但对她而言，这些都不足以成为她快乐的理由，也许"人生最大的不快乐是不知道人生目标在哪里"。

从一层乘坐电梯，如果中间没有停留，到达九层，需要35秒。半分多钟，生命转瞬即逝。我们真的无法想象，她连一条活下去的理由都没有……

据同学讲，她是一个性格开朗的女生，而且自杀前并没有任何征兆，也没有任何创伤性事件发生，她感到"生命无法承受之重"，对自己的悲哀是一种"痛到心尖在颤抖的感觉"，她找不到解决的方法，她不知道未来路在何方。

以2007年为例：2007年5月8日晚，北京石油化工学院一名大二的女生从主教学楼坠下身亡，年仅19岁；2007年5月14日凌晨，清华大学一名女生从校内34楼坠下，当场身亡，年仅20岁；5月14日晚，中国农业大学西校区内，一名大二男生坠楼身亡，死时年仅20岁……5月8日到17日，短短10天之内，北京有5名大学生跳楼自杀身亡，年龄最大的21岁，最小的仅18岁……在这些冰冷的数字后面，是一条条鲜活生命的丧失和亲友们无尽的伤痛……②

以2010年为例：2010年4月26日，海口一名22岁的大学男生用宿舍里的网线上吊自杀，留下遗言：绝望！绝望！绝望！我对生活已经绝望……2010年5月17日，青岛某高校一女大学生因为一只小狗与室友产生矛盾，一度要自杀，幸亏被父母及时发现。2010年5月27日晚，菏泽学院一名大学生，纵身从楼上跳下，当场身亡。2010年6月10日，华东师范大学中山北路校区7号宿舍楼内，一名大四女生被发现在宿舍身亡。

---

① 《你对北大女生跳楼有何感想?》，生活小百科 http://www.tao2tao.com/payment/130/710077，2011年5月30日。

② 郑晓江：《生命教育演讲录》，江西人民出版社2008年版，第175页。

她的同学表示，死亡女生没有通过今年 6 月的毕业答辩，加上没能找到合适的工作，心情一度抑郁。2010 年 6 月 25 日上午 8 点多，北京朝阳区广渠门外大街 22 号居民楼内，一名刚毕业的 22 岁女大学生在亲戚家中自缢身亡。其亲属怀疑是该女子压力过大，才选择轻生。朝阳警方正在调查此事。死者家属向警方介绍情况时称，死者今年 22 岁，刚大学毕业，"平时她就觉得学习和工作压力都很大，情绪一直不稳定"。该名家属说，女子在上大学时，学习压力就比较大。2010 年 7 月 18 日，台湾某大学发生学生跳楼自杀事件：一名休学中的徐姓女学生，从学生宿舍跳楼当场身亡。同日，西安邮电大学一名女生跳楼自杀。同日，杭州市萧山区坎山镇三盈村一名 21 岁的男孩上吊自杀，"脖子上的绳印很清楚。初步判断已经死亡三四个小时"。家里人说头天晚上 10 点多，家里人还看见他出门方便了一下，表现都很正常，不知道为什么想不开。2010 年 8 月 27 日，南京某大学即将升入大四的学生卢某，因沉溺网络游戏，导致学习成绩下滑，所修学分不够，他只能留级继续在南航江宁校区修读。因为羞于让父母在留级手续上签字，卢某在江宁区将军路上锦江之星宾馆跳楼身亡。江苏省教育厅在 2010 年 9 月 1 日召开的新学期新闻发布会，公布了这样一个令人震惊的数据：仅 2010 年上半年，江苏省大学生自杀人数就超过了 40 人。①

以 2011—2016 年为例：2011 年 3 月 23 日，海南大学大三学生杨某留下三封遗书后，从海悦国际大厦 C 栋 12 层跳下，摔到三楼的天台后身亡。据警方初步认定，杨某患有抑郁症，一直都在服用药物治疗。3 月 23 日，杨某没来参加学校组织的考试，后来大家才得知他带着白酒，留下三封给家人的遗书后跳楼自杀②。2012 年 1 月，北京工业大学一名学生因考研压力大跳楼身亡③。2012 年 3 月 28 日上午 7 时，南京审计学院金审学院一名大三的女生跳楼身亡，据多名网友称，该女生因分手而自杀④。2013 年 4 月 22 日中午，山东建筑大学男生宿舍发生悲剧：在反锁的房间内，一

---

① 新浪博客 http：//blog.sina.com.cn/s/blog_5edceb2f0100ppis.html。
② 正北方网 http：//www.northnews.cn/2011/0328/308676.shtml。
③ 大众网 http：//www.dzwww.com/xinwen/shehuixinwen/201201/t20120107_6855539.htm。
④ 新浪新闻中心 http：//news.sina.com.cn/c/2012-03-29/084024193471.shtml。

名大三男生坐在床上，脖子上勒着根腰带，没了呼吸。① 2013 年 5 月 28 日下午二点半，东南大学荟萃楼的女生宿舍天井里，发现一女生尸体，不知是何时跳下的，校方随即报警。玄武区巡警及 120 救护车赶到现场，发现已无生命迹象。据了解，该女生是从宿舍楼十五楼跳下的。② 2014 年 4 月 18 日中山大学一名硕士因不堪承受毕业论文和就业等压力，无颜面对家人，留遗书后在宿舍自缢身亡。③ 2014 年 12 月 24 日晚，西南政法大学才子聂兆威在网上留诗一首："平生终负气，一死谢仇雠。怜我生父母，白发送黑头……"后在校外自杀身亡④。2015 年 5 月 4 日中国人民大学两年内有两名学生因为学习、感情压力而跳楼自杀。⑤ 2015 年 5 月 18 日中南大学研究生姜东身因论文压力留遗书从学校图书馆跳楼自杀身亡⑥。2016 年 12 月 2 日，女大学生退学后留遗书烧炭自杀，死前曾在 QQ 空间透露出厌世情绪，留言"只有两天了"。⑦

2. 中小学生漠视生命现象

近几年我国每年自杀人数总计为十多万人，青少年自杀的比例居高不下，其中以中学生最为严重。资料显示，在中国，15—30 岁的青年死亡的第一原因是自杀，中学生每 5 个人中就有一个人曾经考虑过自杀，占样本总数的 20.4%，而为自杀做过计划的占 6.5%。2010 年，全国共发生中小学生自杀事件 73 起。2011 年以来，也发生了多起。例如，3 月 10 日，四川省阜南县柴集小学五年级 4 名女生，因相互之间关系的疏密度发生争议，后来决定以服药自杀的方式考验彼此。她们在服用了 100 片安眠药后，被校方发现并及时送往医院抢救脱离生命危险。7 月中旬，中国音乐学院附中 8 名学生在接到被劝退的消息后，相约集体自杀，其中一名孩子服药后经抢救出院，其他 7 名孩子未来得及付诸实施。2011 年 9 月 19 日下午，江西九江市庐山区 3 名年仅 10 岁的女学生相约跳楼自杀。跳楼原因，据女生称是"跳楼死了就不用写作业了"，但学校校长称已经问过这

---

① 网易新闻 http：//news.163.com/13/0423/06/8T4J03UK00011229.html。
② 华东在线 http：//www.cnhuadong.net/system/2013-6-9/content_402203.shtml。
③ 中原新闻网 http：//zy.takungpao.com/2014/0418/118947.html。
④ 新浪新闻中心 http：//news.sina.com.cn/s/2014-12-26/143731331449.shtml。
⑤ 中国网易校园网 http：//daxue.163.com/15/0504/11/AOP2LPPV00913J5O.html。
⑥ 新浪教育 http：//edu.sina.com.cn/kaoyan/2015-05-29/0934470550shtml。
⑦ 中国青年网 http：//news.e23.cn/shehui/2016-12-02/2016C0200428.html。

些班级的老师,这次布置的作业并不算多,放了几天假,应该是三个小时的量。10月24日放学后,安徽省阜南二小六年级6班的女生小梦和周周,在莹莹和朱朱两名同学的注视下,在教室服下剧毒农药敌敌畏。喝之前,两人在黑板上写下遗言,周周写道:"如果我死了,就怪数学老师,请警察叔叔将她抓走。"小梦写道:"我好累,她们都不理解我……"该校的当事老师与校长分别受到处分,两名服农药的小学生已经转学。2011年11月6日,四川省平昌县某中学3名中学生在该县森林公园里喝农药自杀,经医院抢救,12岁女生张某和丁某死亡,14岁男生获救。15岁的晓蕊(化名)在奎屯市一所中学读初三,因月考没考好被母亲批评后,晓蕊坠下三楼,身体多处骨折。这件事发生在11月14日中午两点多,晓蕊坠楼后被送到奎屯兵团医院外科楼骨科救治。11月17日,据院方介绍,晓蕊下颌、两肩胛、骨盆、腿均有骨折……河南一高三考生,因高考成绩估分不理想,竟在家自杀,而高考成绩揭榜时,她的高考总分超过本科分数线33分。因为没能在演唱会现场和喜爱的歌星面对面说上一句话,一名19岁女孩吃下80片安眠药自杀。①

2011年2月5日,上海市青少年保护委员会办公室发布《2011年上海中小学生安全情况专报》。专报显示,2011年上海市中小学共有72名学生非正常死亡,比2010年减少7人,但其中自杀死亡人数呈上升趋势,全年自杀死亡学生13人,比2010年增加5人,其中初中学生10人,高中学生3人;男生6人,女生7人。自杀原因主要为:一是因家庭矛盾引发4起,死亡学生5人。二是因家庭教育不当而自杀4人,如:2名学生分别因深夜玩电子游戏和看电子书被父母训斥后,情绪激动,走了极端;三是因情感问题、患抑郁症等坠楼自杀4人。②

2013年6月12日,是洋洋(化名)第三次参加高考,前两次,他都因为分数的原因,与自己心目中的大学失之交臂。给父亲发完短信,19岁的洋洋(化名)从自家15楼上纵身跳下,结束了自己年轻的生命③。2014年9月22日凌晨,湖南省常德市临澧县两名学生因无力承受"成绩

---

① 新浪博客 http://blog.sina.com.cn/renyi0712。
② 中国上海 http://www.shanghai.gov.cn/shanghai/node2314/node2315/node4411/u21ai578849.html。
③ 佰佰安全网 http://www.bbaqw.com/wz/30442.htm。

与期望落差之大"而相约跳楼自杀①；2014年3月31日，驻马店西平县高级中学学生郭小飞（化名）因班主任奇葩班规跳楼自杀②；2015年6月12日下午南山第二实验学校九年级学生陈某某因中考压力，从教学楼6楼坠楼，经医院全力抢救无效死亡③；湖南一名小学生因与班上同学发生矛盾，对方家长的辱骂导致其心理崩溃，最终于2015年6月5日下午放学后跳楼身亡。④

由于漠视生命的案例太多，以上仅仅列举大学生和中小学生中的一部分案例。关于成人的案例，仅以企业家为例，这也只是极小的一部分。据有关信息显示，自1980年以来，中国仅有记录的便有1200多位企业家自杀。这其中有：上海大众老总方宏。他是一位清廉的国企老总，企业营运状况良好，但他不幸患上精神抑郁症，在1993年3月9日跳楼。其实再等一年他就退休了，可惜没能熬过去。贵州习酒老总陈星国，他在1982年出任习酒厂厂长，15年间把一个年产值只有300多万元的县办企业，逐步扩展为年销售额达2亿多元的大型企业。为此他曾获全国"五一劳动奖章"和"优秀青年企业家"称号。后来企业营运出现问题，他于1997年7月28日在习酒厂被茅台酒厂兼并前夕举枪自杀。广州港澳中心李副总，因烂尾楼问题在2003年跳楼自杀。令人叹息的是，仅仅一个多月后，那栋烂尾楼就卖出去了。茂名永丰面粉厂老板冯永明，1993年在家中用水果刀割腕自杀，年仅29岁。遗书中写下："现实太残酷，竞争和追逐永远没有尽头，我将到另一个世界寻找我的安宁和幸福。"

（二）漠视他人生命现象

漠视他人生命现象也很常见，本书列举的是引起社会广泛关注的典型事例。

1. 药家鑫事件

2010年10月20日23时许，西安音乐学院大三学生药家鑫驾驶红色雪佛兰小轿车从西安长安送完女朋友返回，当行驶至西北大学长安校区外西北角学府大道时，撞上前方同向骑电动车的张妙，后药家鑫下车查看，

---

① 新华网 http：//www.mnw.cn/news/view/800929.html。
② 网易河南 http：//henan.163.com/14/0418/10/9Q3U6NB8022708NH.html。
③ 搜狐新闻网 http：//mt.sohu.com/20150614/n414999。
④ 新浪湖南网 http：//hunan.sina.com.cn/news/s/2015-06-07/detail-icrvvrak2824238.shtml。

发现张妙倒地呻吟，因怕张妙看到其车牌号，以后找麻烦，便产生杀人灭口之恶念，遂转身从车内取出一把尖刀，上前对倒地的被害人张妙连捅数刀，致张妙当场死亡。2011年1月11日，西安市检察院以故意杀人罪对药家鑫提起了公诉。4月22日在西安市中级人民法院一审宣判，药家鑫犯故意杀人罪，被判处死刑，剥夺政治权利终身，并处赔偿被害人家属经济损失45498.5元。5月20日，陕西省高级人民法院对药家鑫案二审维持一审死刑判决。2011年6月7日上午，药家鑫被执行死刑。今天，我们已经无法知晓药家鑫曾经的心路历程，这一案例留给世人的是无尽的警醒与反思。而令我们感到更加遗憾的是，药家鑫这样的极端案例绝非个别。

2. 广东佛山小悦悦事件

2011年10月13日下午5时，发生在佛山南海的小悦悦事件让中国人心绪难宁。面对遭面包车碾轧的两岁女童小悦悦，在长达近七分钟的时间里，18名路人（包括一名领着孩子的女士）居然视若无睹、不闻不问，直至拾荒的阿姨陈贤妹将小悦悦抱到路边并找到她的妈妈。最终，两岁的小悦悦经抢救无效死亡。

3. 吉林长春"3·04窃车杀婴"事件

2013年3月4日，对于吉林长春市民和很多中国人来说，是让人揪心的一天。吉林长春一名两个月大的男婴于该日清晨7时许，被窃贼偷车时随车带走，下落不明。得知消息的每一个国人都在祈祷窃贼能够留下孩子一命。可是，事与愿违，3月5日17时，迫于公安机关强大压力，吉林市48岁的男子周其军到公安机关投案自首。据其交代，偷到车后，他驾车直奔长春至双辽公路，途中发现车后座上有一名婴儿，当车辆行驶到公主岭市怀德镇至永发乡公路旁时，将婴儿掐死埋于雪中，4日8时20分许，他将婴儿衣物和被盗车辆丢弃后潜逃。婴儿母亲得知孩子遇难后，精神失常。此人漠视生命，残忍之至，连一个两个月大的婴儿都不放过，恶行罄竹难书。

4. 中国传媒大学女生遇害案

2015年8月9日，中国传媒大学14级戏剧影视学院电影创作专业研究生周云露遭本科同级音响导演专业的同学李斯达强奸未遂并被杀害，被拘捕后凶手称："就是想找个无辜的人当一个发泄点。"李斯达因事业不顺、钱不够花,遂产生自暴自弃想法。①

5."看客"事件

2003年5月9日,湖南湘潭。41岁的男子姜建民爬上一座五层建筑的楼顶,想要跳楼自杀。楼下却不断地发出欢呼、起哄声。有人吹着口哨,有人高喊"跳楼,跳楼!我脚都站麻了,再不跳我就走了"。姜建民在下面此起彼伏的喊叫声中向营救人员作了个揖,拱手致谢。然后背过身去,猛喝了一口白酒,纵身跳下,最终不治身亡。2005年5月21日,桂林一中年女子站在香江饭店第11层的窗台上欲跳楼,围观者挤在楼下看热闹。据当地媒体报道:围观者情绪高涨,像在看白戏,"有的甚至说着风凉话,'她肯定不会跳',有人还拿着望远镜观察,更离谱的是一名中年妇女居然手提着望远镜向围观者叫卖"。这个兜售望远镜的女人应该是中国最具商业头脑而最缺乏人文情怀的人吧。同年6月3日,上海,一名年轻女子爬上一幢正建高楼的窗外平台,与往常一样,围观者总是比警察先到现场。据媒体报道,围观者有"数千名",场面颇为壮观。到后来,"起哄的现象越发严重"。"一群小伙子满脸嬉笑",每当那个自杀者接近边缘,"他们就会发出一阵欢呼"。一群女学生叽叽喳喳地说笑着,不时喊上两句:"快跳啊!"那番激情似乎在欣赏一场明星演唱会。2010年8月,辽宁鞍山。一名50多岁的男子在胜利路一座大楼之上准备轻生。"老少爷们儿,我活得累啊,一会儿就跳下去!"他的自白再次引来了起哄声,"昭仓不是跳下去了吗,堂塔也跳下去了,就差你啦!"这段日本电影《追捕》中的台词竟然也被用来刺激轻生者。最终,还是一跳,还是稀稀落落的掌声。不久之后,鞍山三院宣布这名男子不治身亡。2013年3月5日,广州白云区一名中年男子爬上一栋三层建筑楼顶,称被同乡陷害欲跳楼。众人围观起哄喊:"你跳啊!你跳啊!"该男子事后说,被这么多人围观,就这样走下去,会被人笑话的。他看了一眼没有消防气垫的地方,然后跳下。直到此时时刻,看客们估计才大舒一口气,虽然跳楼者还未脱离生命危险,但他们终于看到了一场精彩绝伦的跳楼"现场真人版"!②

---

① 人民网传媒频道 http://media.people.com.cn/n/2015/0813/c40606-27453454.html。
② 风青杨:《围观跳楼国人何时不再喊"加油"?》,http://www.sino-manager.com,2013年3月8日。

6. 高校投毒事件

1994年12月，清华大学发生"铊"中毒案。朱令，清华大学物化2班学生，1973年出生在北京，1992年考入清华大学化学系物理化学和仪器分析专业。1994年冬（约12月）和1995年春（约3月）至少两次摄入致死剂量重金属铊盐，第二次中毒后昏迷多日，几近植物人。1995年5月经对症治疗后得救，但因为误诊时间过长、治疗中的失误，肌体受到严重损伤，并因输血感染丙型肝炎。这个曾获全国高校艺术表演独奏组二等奖的清华大学的才女、北京市游泳二级运动员，因离奇的"铊"中毒事件，导致全身瘫痪、100%伤残、大脑迟钝。此案历时十多年一直未能侦破，引发媒体与网络的报道和外界的关注与讨论。1997年5月，北京大学发生全国第二起"铊"投毒案件。此案受害人江林、陆晨光，系北京大学化学系94级男生，犯罪嫌疑人王晓龙与江林同班不同寝室；与陆晨光同寝室不同班。王晓龙交代，过去江林与他关系好，后来却不理他了，所以投毒。为实验投毒量，他把陆晨光当作实验对象，也投了毒。王晓龙交代了投毒的一些情况后，医院对两名受害人及时用了解药，方转危为安。① 2007年6月，中国矿业大学发生"铊"投毒案件。犯罪嫌疑人常某某及中毒的3名大学生均系中国矿业大学徐海学院学生。常某某性格内向，对3名受害人平时经常一起玩耍而不理睬自己心存不满，怀恨在心，遂投毒泄愤，悄悄将"铊"投入矿泉水瓶中。同学晚自习后，喝下带有"铊"毒的矿泉水导致中毒，因抢救及时，3名大学生病情趋于平稳。② 2013年4月1日，上海复旦大学发生投毒案。2013年4月11日，上海市公安局文化保卫分局接到复旦大学保卫处报案：该校枫林校区2010级研究生黄某自当日饮用了寝室内饮水机的水后出现身体不适，有中毒迹象，正在医院抢救。经警方现场勘查和调查走访，锁定黄某同寝室同学林某有重大作案嫌疑。后经初步查明，林某因生活琐事与黄某关系不和，心存不满，经事先预谋，3月31日中午，将其做实验后剩余并存放在实验室内的剧毒化合物带至寝室，注入饮水机水槽。4月1日晨，黄某饮用饮水机中的水后出现中毒症状，经医院救治无效于4月16日下午去世。③

---

① 盘点高校投毒事件 http：//news.gmw.cn/newspaper，2013年4月17日。
② 新华网江苏频道 http：//www.js.xinhuanet.com，2007年6月20日。
③ 人民网 http：//www.people.com.cn，2013年4月19日。

留美博士卢刚因不满导师对其论文的评价，开枪杀死包括系主任在内的6人；云南大学学生马加爵残忍地杀害4名同学；内蒙古某大学学生因网恋产生矛盾致使河南某大学一女生宿舍3死1伤……这些事件的发生纵然有各种原因，但不能不承认与生命意识淡漠有关。

(三) 漠视他类生命现象

2002年2月23日，清华大学学生刘海洋先后两次将掺有火碱、浓硫酸的饮料倒向北京动物园饲养的5只狗熊身上，造成狗熊双目失明，舌面整个被灼伤，黏膜脱落，口腔及腭被烧坏，只为"试试熊的嗅觉"；2005年，复旦大学的硕士研究生虐猫事件引发国人议论。另外一系列伤害生命的恶性事件也曾不断发生：被免试推荐的准研究生用硫酸泼动物园中的黑熊；大学生将小狗放在微波炉中加热；几个中学生为了取乐，将猫从高高的楼上重重地抛下；一个小学生，因母亲没满足他的要求，便将酒精泼在家里的猫身上，点火将猫活活烧死。2015年11月23日，厦门海关查获一批涉嫌走私的象牙57根，重118.8公斤，这些象牙大部分属于幼年象，估计最小的只有3岁；2016年12月10日，广东渔民捕杀400斤棱皮龟宰杀分肉食之，而棱皮龟属于国家保护动物……

二 对自然的征服和掠夺现象

进入近代以来，工业文明时代的人类，恰似一个血气方刚的青年，开始不安分守己起来，到处"寻衅滋事"。科学技术的飞速发展，使工业文明迅速勃兴，人类仿佛魔术般地从地底下呼唤出了无尽的能量。于是，人类便滋生了征服一切、奴役一切的傲慢与偏见。科学技术的飞速发展，激起了人类难填的欲壑。为了满足自身合理与不合理的欲望，人类加快了向大自然索取的速度，农业文明时代偶尔存在的索取过量、干预过度行为，演变为一种经常的、具有普遍意义的现象。大约从5000年前的农业文明时代开始，人类的不合理活动对自然界的破坏开始加剧，毁林开荒、过度放牧使森林和草地等遭到了严重破坏，引起了水土流失、沙漠化，使生物多样性的丧失速度大大高于自然丧失速度。特别是18世纪以来，人类由农业文明跨入工业文明，伴随工业的发展和人口的急剧增长，人类对自然界的索取急剧增加，加上环境污染，使全世界范围内的生物多样性遭到了严重破坏，物种以惊人的速度减少，全世界由于自然环境的破坏及滥捕滥猎,已使上千种野生动物灭绝。①《在上帝和人的差异》这首诗中,赵鑫珊先生曾对人类的这种行为大加讽刺:"上帝爱鱼,所以造了许多湖泊和小溪;人类爱鱼,所以造了许多网鱼的工具。"② 当人类拥有一网打尽所有鱼类的能力的时候,充满傲慢与偏见的人类就蜕化成一个越来越危险的种群。

海洋本是自然界的聚宝盆和自净池,有些人却把它当成污水池和垃圾桶。联合国环境规划署在北京发布的《2006全球环境展望年鉴》称,海洋中"死亡区"数量已经达到了200个,在过去两年中增长了34%。靠近工业发达地区的地中海,早已无渔业可言,很多物种已在此绝灭。我国的渤海,早在1995年时,就已有56%的面积被污染,比10年前扩大了一倍,而且还在扩大。河流、湖泊、海洋这些水体本来都有自净化作用,所以大自然中的水总是那样晶莹清澈,现在受到污染而且还在发展,完全是人类行为不慎造成的后果。

生物学研究揭示,生物物种的灭绝是无法再生的。1962年,美国生物学家 Rachel Carson 在她的著作《寂静的春天》中,对人类滥用化学农药所造成的生态破坏有这样一段描述:"神秘莫测的疾病袭击了成群的小鸡,牛羊病倒和死亡……孩子玩耍时突然倒下了,并在几个小时死去……仅能见到的几只鸟儿也奄奄一息……这是一个没有声息的春天。"③ 这向科学家和人类敲响了环境恶化的警钟,世界范围的环境污染威胁人类在地球的生存以及地球本身的存在。人们只考虑有机氯农药毒性较低的优点,但忽略了它们的长期蓄积效应,结果使一些物种濒临灭绝,食物链发生中断,人类也受到疾病的威胁。

人类使用煤和石油等化石燃料,释放出二氧化碳、甲烷、氮氧化物、二氧化硫及其他有害气体和粉尘,对大气的污染极为严重。由此形成的毒雾和酸雨,是大气污染的突出表现。"杀人的烟雾"于1930年首次出现在比利时,1948年至1962年,又四度笼罩伦敦,烟雾中二氧化硫和粉尘的浓度,大大超过人所能承受的程度,累计导致6000余人死亡。2013年中国很多城市出现"雾霾"天气,让很多人出现不适,一时口罩脱销,

---

① 张继云:《人类活动对生物的影响》,《地理教育》2009年第11期。
② 赵鑫珊:《人类文明的功过》,作家出版社1999年版,第7页。
③ 转引自刘慧《生命德育论》,人民出版社2005年版,第15页。

不禁让人想起 2003 年的"非典"。

21 世纪初蔓延于世界各地的"传染性非典型肺炎"（SARS），使数千人丧失了生命，数百万人受制于病魔的蹂躏，还曾经让全世界几十个国家、数十亿人口生活在这小小的"冠状病毒"的猖狂下不得安宁。世界卫生组织（WHO）总干事布伦特夫人 2003 年 4 月 27 日在接受英国广播公司电视频道记者采访时谈到，非典型肺炎是"21 世纪第一场全球性传染病"。这是一场没有硝烟的战争，也是中华民族历史上的危难关头。时过十年，回想起当时的情景还是令人心有余悸。"非典"是人类自然生命的灾难，起因是多方面的，跳出传染病学的范畴，人类对生态的严重破坏是基本公认的原因之一。我们应该认真思考一下人类与自然界其他生命关系的问题。人类对动物的生命采取一种无所不用其极的手段：毫无节制地残杀以满足口腹之欲，又肆无忌惮地改良之以足自我之好。时至今日，要让人类放弃对动物的驭使和食用几乎绝无可能，但我们必须在观念上意识到动物亦是生命体。从根本上说，生命之间应该是平等的，我们应该善待动物。[①] 否则，正如恩格斯在《自然辩证法》中指出的："我们不要过分陶醉于我们对自然的胜利。对于每一次这样的胜利，自然界都报复了我们。"[②] 人类如果再不改善与自然的关系，必将遭受更大的灾难。

三 生命意义迷失现状

人不仅是个实体的存在，更是一个意义的存在。神学家拉内说过，人是一种"发问的存在"，即使大部分时间为了生存而疲于奔命，但是人不可能像动物那样，饱食终日后就无所追寻，只要人活一天，他便会去思考人生的意义。意义不是一种客观存在，"意义意味着一种不能被归结为物质关系或不能被感觉器官感觉到的状态"[③]。"人的存在从来就不是纯粹的存在，它只是牵扯到意义。意义的向度是做人所固有的。"[④] 高清海教授把人的本质视为超生命的生命，特别强调意义对人的本体价值。他认为："人是不会满足于生命支配的本能的生活的，总是利用这种自然的生命去

---

① 郑晓江：《生命教育演讲录》，江西人民出版社 2008 年版，第 60—61 页。
② 恩格斯：《自然辩证法》，人民出版社 1984 年版，第 304—305 页。
③ ［德］威廉·赫舍尔：《人是谁》，槐仁莲译，贵州人民出版社 1994 年版，第 50 页。
④ 同上书，第 47—49 页。

创造生活的价值和意义。人之为'人'的本质，应该说就是一种意义性存在、价值性实体。人的生存和生活如果失去意义的引导，成为'无意义的存在'，那就与动物的生存没有两样，这是人们不堪忍受的。"① 可见，人是一种以"意义"为生存本体的高级动物，正是"意义"决定了人的生命存在及发展的方向，也正是"意义"体现了人生命的价值和尊严。然而，在社会转型时期，人们浮躁的心态及整个社会意识对经济的过度关注和偏倚，社会将发展经济及物质总量的增长作为目标，较少关注世界对于建构社会秩序和个体生命秩序的重要性。于是，一切都可以做，一切也可以不做，一切似乎仅是游戏而已，人们生命存在的价值难觅，生活的意义呈现为空白。不少人逐渐丧失了支撑其生命活动的价值资源和意义归宿，从而陷入一种"存在性危机"中，处于深刻的"和自然疏离""和社会疏离"及"和上帝疏离""和人自身疏离"的困境焦虑之中。② 邵道生先生总结了我国社会转型时期四种消极的国民心态倾向，无一不是精神迷失于意义的失落所致：其一是国民心态中的"物欲化"倾向；其二是国民心态中的"粗俗化"倾向；其三是国民心态中的"冷漠化"倾向；其四是国民心态中的"躁动化"倾向。③ 生命困境的根源在于不少人精神上无所寄托，生活迷失了目标，对生命的意义和价值产生怀疑，他们困惑于自己的当前和未来，不明白生命的意义是什么，人生的目标又在哪里，而陷入了深刻的精神迷茫和意义危机。

笔者曾读过这样一则故事：

> 一位生长在农村的高中生，一次偶然看到了一则电视采访。电视画面上出现的是一个憨厚的农村放牛娃和一位从大都市来的记者。
> "你长大了想干啥？"记者问。
> "还放牛呗。"
> "放牛为了啥？"
> "挣钱呗。"

---

① 高清海：《人就是"人"》，辽宁人民出版社 2001 年版，第 213 页。
② 梅萍、林更茂：《论当代青年生命意义的困惑与应对》，《中国青年研究》2006 年第 1 期。
③ 邵道生：《转型社会国民心态现状及其调试》，《中国教育报》1994 年 11 月 23 日。

"挣钱为了啥？"

"娶媳妇、生娃娃。"

"生了娃娃以后呢？"

"等娃长大了教他继续放牛呗。"①

电视采访结束了，但观看了采访的高中生却久久地陷入了沉思当中。他写下了一篇长长的日记，然后自杀了。为什么呢？因为他发现自己和那个放牛娃一样，陷入了人生的一个荒谬情境中：

为什么读书？

为了上大学。

上大学为什么？

为了找个好工作，找个好媳妇。

找个好媳妇又怎么样？

生儿育女。

生了孩子又怎样？

让他好好念书，将来考大学。

这位高中生最终选择了自杀，因为他发现自己的人生将陷入毫无意义的循环当中。就像西西弗斯一样，一次次将巨石推上山巅，但又不得不眼睁睁地看着它跌落谷底，然后又继续从谷底推着巨石上山……生活似乎与西西弗斯推着巨石上山一样毫无二致。这样的生活没有意义！这样的生活没有价值！这样的生活没有希望！

现实赋予了人们生活的义务和责任，但是却经常给予人们荒谬、无意义的感受，无法让人们体会生活的真正意义②。

第二节 生命道德缺失的原因探析

生命道德为什么会缺失呢？生命道德缺失的原因之一是生命道德教育出现了问题。生命道德教育是一个包括主体、客体、环体等基本要素的系统。生命道德教育主体是生命道德教育的实施者，它与生命道德教育客体

---

① 冯建军：《生命化教育》，教育科学出版社2007年版，第67页。

② 同上书，第68页。

相对应。生命道德教育客体是生命道德教育的接受者,它与生命道德教育主体相对应,是生命道德教育主体的作用对象。生命道德教育环体即生命道德教育的环境,是指与生命道德教育有关的、对人的生命道德形成、发展产生影响的外部因素,可分为宏观环境与微观环境。以下就从这几个方面对生命道德缺失的原因做一分析。

一 生命道德教育主体因素

(一) 人文教育理念的缺失

我们生活的时代是一个科学技术空前繁荣的时代,科学技术的伟大成就震撼着整个社会,震撼着每个人的心灵。"在许多人的心目中,科学是真理,是扫除愚昧和偏见的武器;科学是力量,是国家强盛的标志;科学是人类智慧的辉煌成果,创造着巨大的财富与便利,令人陶醉与欣喜。"[①]人类的生活方式因为科学而发生了极大的变化,科学成为上帝之后的新的"造物主",人类对其的迷信和崇拜到了无以复加的地步。然而,人们在对科学成就发出赞叹的同时,也产生了一系列的困惑:战争频发、生态破坏、环境污染……科学在造福人类,却也在危害人类。人们在进行反思的过程中,逐渐认识到:并不是科学本身出现了问题,而是人类自身出现了问题,是人们忽视人文精神、科学技术非人化应用和发展的结果。近代以来,知识增长加速,专业化的学科不断涌现,自然科学、社会科学和人文科学摆脱了原始的、模糊的、不相分离的状态,相继获取了准确而专门的意义。随着17世纪的开始,科学革命逐渐兴起,自然科学得到迅猛发展,这些对人类社会产生了深刻而广泛的影响,而"人文科学被自然科学和社会科学挤入科学的后台,失去了其在文艺复兴时期的独立的地位"[②],尤其是20世纪以来,科学开始主宰人类的生活。就教育领域来说,人文教育渐渐被科学教育压倒,通过学习科学知识、训练科学方法、内化科学思想和科学精神而培养人的科学素质成为素质教育的主旋律。由于科学本身所具有的实用性与功利性的特点,科学教育展示出了其适应科学发展需要的一面,更加重视专业技术的培养,而忽视了心性的陶冶和提升。人类被实证知识和技术的力量所迷惑,"科学的兴起把人推进一条专门化训练

---

① 辛继航:《人文价值——科学课程价值取向的必然选择》,《教育评论》1998年第2期。
② 朱红文:《人文与科学:从古代到现代》,《社会科学辑刊》1995年第1期。

的隧道。人越在知识方面有所进展，就越看不清作为一个整体的世界，看不清他自己，于是就进一步陷入……'存在的遗忘'（the forgetting of being）"①。于是，"人格精神在抹杀个性、技术至上的意识中消灭，人正在失去最主要的东西——自己的唯一的人格。他可以随便地、顺利地被任何一个人所代替，被如此千篇一律的、清醒的循规蹈矩的人，完全受机器肆意支配的人所代替"②。现代人过于注重科学的"物性"，而忽视了科学所具有的"人性"，在追求科学的物用价值时，忘却了科学的另一重要价值——对于人的精神的价值，从而造成人的主体精神的委顿和人生终极意义的丧失。

值得注意的是，长期以来，教育在这场人文危机中恰恰起到的是推波助澜的作用。"在学校的科学教育中盛行的是一种唯知识、唯技术、唯能力的教育"，"在人、教育、科技的关系上，教育不是要把人培养成能在终极关怀的层次上去驾驭科学和技术的主体，而只是使他成为科学、技术运行中的一个环节，一种为机器所摆弄的工具；教育只让人看到他们在科学技术发展中的主体性价值，而不能使他们体悟到科学技术满足人所特有的自由活动深层精神需求的价值；教育只使人学会应用科学技术使之成为谋取生存的手段，而不能使他们通过科学技术之光窥见人生之真谛"③。教育只教人掌握"何以为生"的本领，放弃了引导受教育者对"为何而生"的思考。因此，整个世界潮流就是强调技术知识教育，无论是基础教育的改革，还是高等教育的专业调整，都把发展的重点放在技术教育上，人文学科被边缘化。这固然使科学技术发展了，但人文精神的贫乏和人文教育的脆弱所造成的后果则很少有人考虑。对于我们国家来说，近代自然科学并不是文化传统中内生的，它源自欧洲，科学教育传入时，它的实用性和片面性也被一并输入我国。从20世纪50年代开始，在教育系统我国开始实行"苏联模式"，过早地实施文理分科，并且普遍存在着"重理科，轻文科；重专业、技能训练，轻思想、人性培养的倾向"。"专业技术教育的位置被抬到前所未有的地位，而人文素质教育相对受到冷遇，

---

① ［捷克］米兰·昆德拉：《小说的艺术》，作家出版社1992年版，转引自辛继湘《教学价值的生命视界》，湖南师范大学出版社2006年版，第127页。
② 夏军：《现代西方的非理性主义思潮》，辽宁人民出版社1986年版，第172页。
③ 鲁洁：《超越与创新》，人民教育出版社2001年版，第318—319页。

这尽管是历史使然，但教育的偏失，造成的人才素质的缺陷，给我们的经济建设带来的负面效应却是十分沉重的"①。

这种教育培养出的人可能有知识、有技术、有理性，但可能无爱心、无情感、无人性，患了"情感的冷漠症"，成了彻底的"冷血动物"。不断发生的人们对生命的自残和对他人生命、对自然界生命的漠视，本质上就是独尊技术知识教育、缺少人文教育的恶果。这种状况提醒我们，加强教育主体的人文教育理念刻不容缓。

(二) 教育与生活相脱离

汉语中的"生活"，就是"生存并活着"。梁漱溟先生把生活等同于生命，他说："生命与生活，在我说实际上是纯然一回事；一为表体，一为表用而已，'生'与'活'二字，意义相同，生即活，活亦即生。唯'活'与'动'则有别。所谓'生活'者，就是自动的意思。""生命是什么？就是活的延续。"② 生活就是生命的亲历性和实践性，是生命的一种自主、自由的伸展，它张扬着生命的个性，体现着生命的灵性和律动。套用海德格尔的一句名言："生命诗意地栖居在生活中。"

生活是"生命体"之"活动"，但并不是所有生命体的活动都是生活。生活本身具有意义性，动物的活动所展示的就不是生活，而是本能的生存。只有人的活动才能构成生活，正因为如此，生活才能作为营养促进生命的发展。

从宽泛的教育意义上看，教育作为人的生存方式，是生活的构成要素。所以，古代社会，生活即教育。近代随着笛卡尔的理性主义和客观主义思维的盛行，科学世界取代了生活世界，生活世界被"殖民化"和"遗忘"，也由此导致了生命的缺失。近代以来的教育，也就因此成为理性的教育、科学的教育、知性的教育，它遗忘了生活，远离真实的生活，片面地用科学技术、工具理性或所谓"高雅""文明"的书本知识来支撑儿童诗意栖居、野性盎然的生活世界，教育不再有人的存在和鲜活的生命意义。③

---

① 张晋兰：《加强大学生人文素质教育的研究》，《兰州大学学报》（社会科学版）2000年第2期。

② 马秋帆：《梁漱溟教育论著选》，人民教育出版社1994年版，第263页。

③ 冯建军等：《生命化教育》，科学技术出版社2007年版，第3页。

对现代教育来说，学生成长获得意义的家园往往被抽象、孤立、单调、机械的"科学世界"所占有，教育过程那种丰富的社会历史性有时被冷冰冰的知识接受和机械的理智训练所代替。被命题、概念、理论等构成的"规范世界"所限制，学生忘却、异化和远离了生命的"生活世界"，退出了喜怒哀乐的个体生命体验。更可悲的是，教育陷入功利主义的怪圈，只知道什么知识能够获得最大的利益就教什么，什么课程最热门就开什么课；教育灌输给学生空洞的政治理论、理想化的道德标准、统一的素质要求，不去关注个体当下的生活，不去探讨人生的意义，不去解决生命成长路途中的困惑，不去唤醒生命的激情，缺少生动活泼、富有生命气息和意义的快乐生活。"我们所能做的似乎只是不断地向学生讲授，而后再通过考试等手段了解学生是否已经'知道'了我们教授给他们的'道德'，对那些生活层面的东西，我们却总是鞭长莫及、力不从心。这种主要在学校课堂上以讲授的方式进行的科学世界的道德教育逐渐从生活世界的道德教育分化出来。"在这样的世界里，人们没有了自己的情感和真实生活的体验，教育可以使人知晓"我""应该"是什么样的，而遗忘了"我""原本"是什么样的，现实的人和理想的人之间失去了构架的基础——真实。这种脱离生活世界，无视学生主体地位的异化教育，最终使其与教育的应然与本真的价值背道而驰。生活世界的消解还表现为，物质生活水平提高，但很多人的精神却极度贫乏，他们的命运漂泊在自己变成机器的路上，没有心情去禅悟静听心灵深处的呼唤，没有精力去拯救自己脱离在科技世界里人性的疏离，没有时间去剔除生命的孤立，没有空间去感受血脉相连的温情；有的只是匆匆忙忙、披星戴月、精疲力竭追赶现代社会飞走的步伐。[①] 远离了"生活世界"，退出了生命喜怒哀乐的内心舞台，没有人生的意义，没有唤醒生命存在的激情与关怀，精神支柱坍塌，生命信仰失落，"生活世界"完全被异化。

（三）忽视生命个性教育

世间没有完全相同的两片树叶，也没有完全相同的两个人，即便是孪生兄弟，相同的基因遗传也会因为后天生活环境、教育、实践活动的不同，而出现不同的发展，成为不同的人。这种常识性的认识表明，每个人都具有独特的个性，不管愿不愿意，个性都属于每个个体生命。马克思说

[①] 辛继航：《体验教学研究》，博士学位论文，西南师范大学，2003年。

过,"在时间和空间的纵横扩展中,每个人都以其独立的个性存在着","都是作为无可替代的独立个体存在着"①。

如何界定"个性"？顾明远先生认为"个性"有广义和狭义两种定义。广义指个人的意识倾向和各种稳定而独特的心理特性的总和,即个人的心理面貌；狭义常指个人心理面貌中与共性相对的个别性,即个人独有的心理特征。② 艾森克·阿诺德认为："个性是人所具有的、相对来说较为稳定的气质,它可由外因激发或促成,是生理冲动、社会环境及自然环境之间相互作用的产物,个性通常指的是情感意动的特定品质、情操、态度、心理状况、无意识的机制、兴趣和理想,它们能确定人的特性或特有的行为和思想。"③ 个性的外在表现为独特性,每一个人的独特性是人类文化多姿多彩的重要源泉,因而是人类文明不断进步的重要源泉。每个人生来原本就是独一无二的,这也是每一个人的生命之所以值得无比珍视的一个重要原因。

教育对生命个性的阉割主要表现如下。

(1) 近代的教育在理性化的框架中产生了班级授课制。班级授课制作为一种具体教育的形式,把学生集体作为教育对象,开辟了从外延上提高教育效率的途径,但把学生集体作为教育对象之时,又延伸出了统一要求和个性发展的矛盾。虽然效率得到提高,但它从根本上排斥了个性化的要求。可以说,班级授课制在把越来越多的学生吸收到课堂中来的时候,也越来越多地"忘记了"每个学生的存在。教育面对的不再是一个个具体鲜活的生命,而是从班级所抽象出来的共同特征。"学生的一大积怨是,教育不把他们当做具有个性的个人来看待,教给他们的不是有个性的东西……"④

(2) 忽视学生的自我建构,教育被看作"制造"符合教师理想的"产品"的过程。教育的过程以促进学生发展为目的,归根结底是学生自我建构的过程。当前,我们的教育仍然是以教师为中心,以教师的思维代

---

① 《马克思恩格斯全集》第42卷,人民出版社1979年版,第38页。
② 肖川:《个性教育:让人成为他自己》,《陕西教育》(高教版) 2007年第10期。
③ 参见梁钊华《论大学生主体性道德人格的价值及建构》,《教育探索》2008年第1期。
④ [美] 阿尔温·托夫勒:《未来的冲击》,孟广均译,中国对外翻译出版公司1985年版,第239页。

替学生的思维,以教师的认识代替学生的认识,每个学生的生命都被"削足适履",几乎成为教师的"克隆"。这样的教育,难以培养有主见、有思维、有创造的充满个性的人。

(3) 犹如古希腊传说中普罗哥拉斯蒂斯的"铁床"①,一直以来,我们的教育贯彻的是"一刀切"的思想,不管学生的智能、学习特点、个性等的差异,对所有的学生在教学内容、教学进度和评价方式上都是统一的,根本忽视了学生存在的个体差异和个性特征,教育因此成了压抑潜能自由发展、扼杀学生个性的"元凶"。

二 生命道德教育客体因素

(一) 生命敬畏感的缺失

敬畏生命理论是由德国思想家阿尔贝特·史怀泽提出的。史怀泽在分析了以往人类关于善恶概念的界定后,指出敬畏生命理论的最基本内容,是对善恶概念的重新界定。"善是保持生命,促进生命,使可发展的生命实现其最高价值;恶是毁灭生命,伤害生命,压抑生命的发展。"② 敬畏感是一种真实的、普遍的情感,这种情感的产生是建立在生命的自然存在基础上的,生命是神圣的,生命敬畏感表现在对生命自然属性的尊重与爱护,同时尽最大可能促进个体生命、种族生命以及种系生命的发展。生命敬畏感也是一种崇高的道德情感。它对于人的成长,对于成人世界中恰当的"我—他(它)"关系的建立,对于整个社会中价值秩序的维系都有着十分重要的指向与约束作用。传统的道德教育意在指向人与人、人与社会之间的关系上的和谐,是以人类关系为中心的道德,它强调个人的道德对社会的意义与价值,忽视个人生命自身的道德归属,将人类的道德发展凌驾于自然界其他生命之上。这种功利化的道德价值取向,导致了人们在成长的过程中过度重视道德规则的外在表现,从而忽视了对待自身生命,对待其他生命的一种敬畏感。

---

① 普罗哥拉斯蒂斯是神话传说中的强盗,他让捉到的囚徒躺在特定的铁床上,如果囚徒的身体比铁床长,就把多出的部分锯掉;如果囚徒的身体比铁床短,就强行把他的身体拉长。以一张不变的铁床的长度要求所有的人,使人适应铁床,而不是铁床适应人。

② [德] 阿尔贝特·史怀泽:《敬畏生命》,陈泽环译,上海社会科学院出版社1992年版,第9页。

对于生命知识的缺乏，对死亡话题的逃避，使当代一部分人在生活与学习中无视自己与他人生命，自杀、暴力、伤害、犯罪等事件频繁出现。以大学生为例，2007年4月，对江西省部分高校在校大学生进行了关于生命价值观的问卷调查，共发放问卷500份，收回有效问卷478份，占发放问卷的95.6%。问卷通过让大学生回答"当你遇到重大挫折，是否会选择自杀"问题，来明确他们对待自杀的态度。有97.6%的大学生做出"绝对不会"的回答，1.6%的大学生做出"说不准"的回答，而有0.8%的大学生做出"会"的回答。问卷通过让大学生回答开放式问题"你对死亡怎么看？"来获得大学生对死亡的理解。15.6%的被试者认为死亡是生命的归宿，是生命的重要部分；70.3%的被试者认为死亡是和生命相对立的，是生命的终结；14.1%的被试者认为死亡是恐惧的，或者避而不谈。①

调查结果显示，关于生命、死亡等问题，部分大学生存在着一些认知上的偏差，生命观与外部环境之间不相适应。这是源于长期以来，忽视生命的本质，逃避死亡，对生命神圣性的无知，因此，在处理问题时，不能从生命本体出发去考虑，缺乏相应的心理适应与辨别能力，只能通过消极的侵害生命的行为去缓解内心的压力与冲突。从深层次上探寻原因，是因为长期以来，在道德教育中忽视生命教育，忽视对学生进行敬畏生命的教育造成的。

（二）生命幸福感缺失

幸福，既是自古以来的伦理学难题，又是一个诱人而难解的人生学之谜。追求幸福是人类社会的永恒主题和社会发展的强大动力。幸福是什么？每个人心中都有自己的答案。

尼采说：幸福就是随着权力的增加，阻力被消除了的那种感觉；英格丽·褒曼说：幸福是有健康的身体和易忘的记忆；卢梭认为：幸福是银行有丰厚存款，家中有美食佳肴，加上良好的胃口；哲学家罗素认为幸福存在于心灵的宁静与淡泊；萧伯纳与雨果则认为幸福来自与他人真正的分享；亚里士多德与奥古斯丁认为幸福是一种美德的体现……②

---

① 刘建荣、陈延斌：《当代大学生应树立正确的生命价值观——大学生生命价值观的调查》，《赣南师范学院学报》2008年第2期。

② 参见肖永春《幸福心理学》序，复旦大学出版社2008年版；彭豪《幸福心理学》序，新浪博客 http://blog.sina.com.cn/blog.50e7ab0201001plq.html，2012年10月16日。

不同个体对幸福的理解各不相同。在追求幸福的问题上，可以说"条条道路通幸福"，帕斯卡尔说过："人人都寻求幸福，这一点是没有例外的。"① 在是否幸福的问题上，我们常常会遇见许多不可理喻之事：有的人处境不妙、灾祸多多，别人都觉得苦不堪言，他却自得其乐；有的人事事顺心，大家都认为其幸福万分，可他却愁眉苦脸、一点都不认为幸福。那么，究竟什么是幸福？

幸福是人们在追求和创造生活的过程中，由于感受和体验到目标和理想接近于实现而产生的精神上的愉悦感和心理上的满足感。心理学研究表明，幸福需要客观基础，但是客观基础不是幸福本身。幸福感不仅是一种心理现象，更是社会构造。美国著名的政治学教授罗伯特·莱恩认为：当人们连衣食住行这样的基本要求都得不到满足时，他们不会感到幸福。因此，在基本需求得到满足之前，收入每提高一点，就会使人感到更幸福一些。但是，在基本需求得到满足之后，收入带动幸福的效应就开始呈递减态势，并且收入水平越高，这种效应越小，以至达到可以忽略不计的地步，这就是所谓的"快乐鸿沟"② 现象。西南财经大学公共管理学院王鹏老师在《收入差距对中国居民主观幸福感的影响分析——基于中国综合社会调查数据的实证研究》这篇文章中，利用 2006 年中国综合社会调查数据，考察了收入差距对居民主观幸福感的影响。研究发现：收入差距对主观幸福感的影响呈倒 U 形，临界点基尼系数为 0.4，当基尼系数小于 0.4 时，居民的幸福感随着收入差距的扩大而增强；但超过 0.4 时，扩大的收入差距将导致居民幸福感的下降，随着收入差距的扩大，居住在城市、非农业户籍和受教育程度较高的居民，其幸福感更低。③

人类有无尽的欲望，也有顽强的生命力，凭借着生命力的弘扬和发挥，人们不时地得到欲望的满足。黑格尔在其思辨的宇宙人生探索中就曾表达过这样的思想：欲望是行为的原点，欲望净化为情感，升华为意志。在当前这个日趋开放和公平的社会里，人们面临更多的机遇和条件，追求

---

① 参见李嘉美等《幸福书1》序，人民出版社 2010 年版。
② 参见肖永春《幸福心理学》序，复旦大学出版社 2008 年版；彭豪《幸福心理学》序，新浪博客 http://blog.sina.com.cn/blog.50e7ab0201001plq.html，2012 年 10 月 16 日。
③ 王鹏：《收入差距对中国居民主观幸福感的影响分析——基于中国综合社会调查数据的实证研究》，《中国人口科学》2011 年第 3 期。

成功的欲望更加强烈。人们的需求动机不断增强，成功意识不断膨胀，在追求成功的压力与激烈竞争中角逐。获得短暂的喜悦与满足后，又会产生更多的、永不停歇的成功欲求，紧接着便会承受更多的压力。罗素认为："成功只能是幸福的一个组成部分，如果不惜以牺牲一切来得到它，那么这个代价是太昂贵了。"① 如果人们将"成功"作为人生全部的奋斗目标，永不满足于现状，各种欲望或抱负不断升级，纠结于自我的成功与利害得失，挖空心思地你争我夺，好高骛远，那么人们在经历拼搏与获取成功后，不仅无法体会到喜悦、满足和幸福，无法体会到生活的乐趣、心灵的满足和快乐，而且还将始终生活在紧张、焦虑与疲惫不堪的状态中，甚至以精神的极度焦虑与人格的分裂为代价去换取最后的成功。全世界患有抑郁症的人数在不断增长，据世界卫生组织统计，全球抑郁症发病率约为11%，目前全球约有3.4亿抑郁症患者。在美国，抑郁症的患病率，比起20世纪60年代高出10倍，抑郁症的发病年龄，也从20世纪60年代的29.5岁下降到今天的14.5岁。而许多国家，也正在步美国的后尘。中国心理卫生协会的有关统计显示，我国目前已有2600万人患上抑郁症。北京的一项调查数据显示，北京地区15岁以上的人群中，抑郁症终身患病率为6.87%，调查时点患病率3.31%，以此推算，北京地区正在患抑郁症的人数可能达到30万人。2006年12月，北京市市委和北京市学联联合发布了《首都大学生发展报告》，该报告公布了2006年9月的调研数据，估算北京地区大学生抑郁症患病率达到23.66%。中小学生的状况也不容乐观，初中生抑郁症状检出率为18.1%，高中生为23.4%。从上面一组组数据分析中我们不难发现，抑郁症发病率正呈现直线上升趋势，而且易患人群是社会发展的主要支持力量。②

抑郁症患病因素很复杂，但不能排除欲望这一因素。世间的事情就是如此，我们有时觉得追求到了某些东西就会很幸福，可是一旦成功，又觉得一切原来不过如此。在现实生活中，相当一部分人认为金钱是影响幸福的首要因素，人活着就是为了追求金钱和物质享受；在获取幸福的方式上，认为机遇最重要，为了得到幸福可以不择手段，等等。很多人出现生命异化、内心孤独、价值迷茫、精神颓废的状态。

---

① ［英］罗素：《罗素文集》第1卷，内蒙古人民出版社1997年版，第307页。
② 百度文库 http://wenku.baidu.com/view/15f13d18a300a6c30c229f98.htm。

(三) 生命责任意识缺失

所谓责任，是指份内的事，是个人或群体组织所应承担的职责、任务和使命，是不可推卸、不能放弃的。它是人们主动意识到的义务，在道德规范的整个体系中，处于最高层次。生命是一种责任，一种与生俱来或后天萌发的责任。生命与责任是不可分开的，生命的产生由不得自我，但对于生存，自我必须负责。马克思和恩格斯曾经说过："作为确定的人，现实的人，你就有规定，就有使命，就有任务，至于你是否意识到这一点，那都是无所谓的。"[1]

有句话说得好："天地生人，有一人当有一人之业；人生在世，生一日当尽一人之责。"不错，我们每个人生命的每一分钟，不管是学习还是工作，抑或是生活，无不与责任紧密相连。为人父母，养儿育女是责任；身为儿女，孝敬老人是责任；悬壶行医，救死扶伤是责任；头顶国徽，秉公执法是责任；身着戎装，献身国防是责任；身为学生，学习就是责无旁贷的责任……责任是一种天然的规定，它常常要求我们承担应当承担的任务，完成应当完成的使命，做好应当做好的事情。

每一个人都在人生中履行着责任，同时在责任中走过人生。有人说，人来到世上只为做两件事：一件是自己喜欢的事，另一件是自己必须做的事。所有人都可以完成第一件事，只要我们心情愉悦、全身舒畅，无须别人强迫便会全身投入，为之痴迷，为之沉醉。理由很简单：因为喜欢。但是第二件事就不是那么容易完成了，因为生活中并非所有事情都是我们喜欢并愿意为之付出的。有许多事你非做不可，因为这背后深藏"责任"二字。

目前，很多人对生命的"无责任化"倾向令人担忧，突出表现为"无兴趣、无所谓、无意义"的"精神疲软"现象和"极端功利化"的趋势。现实生活中，人们过分强调自我，仅仅关注自我奋斗与自我实现，将人生追求的主要目标设定为自我利益需求的满足，纠缠于自我的悲欢与得失之中，丢掉了对他人和社会应该承担的责任，淡化了对他人和社会应做的贡献，渐渐迷失了自我的方向；即使通过拼搏获得成功，也无法体会生命的价值，难以享受生命因责任与奉献而带来的幸福感与意义感。社会上存在的缺乏责任的意识及行为对人们的生命观也产生了冲击，表现出对

---

[1] 《马克思恩格斯全集》第3卷，人民出版社1960年版，第329页。

生命责任意识淡薄的倾向。主要体现在四点。其一，自我责任感迷惘。一些人今朝有酒今朝醉，过了今天不管明天，不知道自己的责任，不爱护生命、不珍惜时间，不在乎健康。其二，漠视对他人和家庭的责任感。不讲诚信，不守诺言，不会换位思考、设身处地地替他人着想，在个人感情方面，"不求天长地久，只图曾经拥有"，没有道义责任；集体感欠缺；在生活上贪图享受，不珍惜父母家人的劳动果实，没有家庭责任感。研究表明，一个人的自杀至少影响到三代人，直接造成严重或一般心理伤害的亲属或朋友达30人以上。尤其目前青少年大部分是独生子女，一个年轻生命的逝去对家庭来讲往往是毁灭性的打击。《中国青年报》记者林蔚报道：2005年8月20日下午4时多，上海有机化学研究所研究生孟懿，从就读的教学楼纵身跳下，正值青春年华的26岁生命消逝了。其父在收到儿子的遗书后，含泪给逝去的孩子写了一封信："孩子啊，如今你不负责任地走了，你给家人带来了极度的伤心和痛苦，今后你的老爸老妈要在痛苦和悲伤中惨度余生了！孩子啊，你愧对含辛茹苦养育了你26年的老爸老妈和培养教育你的老师，孩子你不该啊！你死得太不值啊！"孟懿走了，虽然他看似完美的生活背后，一定有不为人知的深刻痛苦，但是选择了一条"最少痛苦的路"的孟懿，却把痛苦转嫁给了年迈的父母。① 据新华社北京2013年3月2日电，我国每年新增"失独家庭"7.6万个，截至2012年，全国范围内的"失独家庭"至少有100万个。根据致公党发布的调查数据，目前我国15—30岁的独生子女约1.9亿人，这一阶段的年死亡率为万分之四。至少有200万老年人无子女而面临巨大的养老、医疗、心理等方面的困难。② 当遭遇白发人送黑发人的灭顶之灾后，父母极易陷入精神崩溃、自行封闭的状态。哈尔滨的一对夫妇几年前失去了他们的独生女儿，女儿当时在北京读大四，实习期间在外租房，因为长得漂亮，一天晚上回家路上遭到相识者奸杀并被残忍分尸抛到小汤山。女儿去世后的四年间，这对父母一直在寻找凶手、打官司。四年间，他们自虐般地住地下室，吃最差的饭菜，因为他们觉得女儿惨死，自己不能有任何享受。官司四年后结束，凶手被绳之以法，妈妈爬上小汤山垃圾山顶放声大

---

① 郑晓江：《生命教育演讲录》，江西人民出版社2008年版，第180页。
② 《兰州晨报》2013年3月3日A04版；人民网时政 http://politics.people.com.cn/BIG3/n/2013/0303/c70731-20656507.html。

哭,"坟墓里如果是我,该多么幸福",这位妈妈说。① 看到这里,不禁让人潸然泪下,如果那些漠视生命的人能够替自己的亲人想一想,也许这些不应该发生的事件能够得以避免。其三,缺乏对自然的责任感,任意浪费或挥霍自然资源。浪费粮食,毫无节约意识及环保意识等。其四,社会责任感淡漠。在公共场合,不讲文明礼貌,不管礼义廉耻,我行我素;在人生目标上,胸无大志,得过且过,不关心国家大事、社会发展,"两耳不闻窗外事,一心只读圣贤书",丝毫没有社会责任感……

有一位名人曾经说过这样一句话:"放弃了自己对社会的责任,就意味着放弃了自身在中国社会中更好生存的机会。"如果放弃了承担责任,或者轻视自身的责任,就等于在成功的道路上自己设了障碍,最后绊倒的只能是自己。

这些对生命缺少责任意识的现象不能不令人担忧,从而使在生命道德教育中,进行认识生命、体验生命、珍惜生命的生命责任意识教育,显得十分的迫切与重要。

(四)生命信仰的缺失

人是能动的社会存在,人比之于动物的重要特征之一就是具有丰富深刻的精神活动。信仰是人的精神活动的重要内容。关于信仰,有不少解释。譬如,有的人认为"信仰是人心中最高的情感"②,有的人认为"信仰是使个性坚强、行为持久、态度真诚、意志集中的一种知识形态"③。通常,所谓信仰,是指人们对于某种事物、主张、主义、宗教、思想、学说或某人极度的尊崇和信服,并以此作为自己的精神寄托和言行的准则、指南。

什么是生命的信仰呢?生命的信仰,又称为人生信仰,是指个体对自己生存的意义和价值、生活的前途和命运以及人生的状态和归宿等命题的最高信念及坚持,是人们对于生活的目的、意义和价值的本质把握与升华。④ 生命信仰的缺失主要体现在以下三个方面。

---

① 中华网新闻频道 http://news.china.com/domestic/945/20120827/17394529.html。
② [美]莫蒂默·艾德勒:《西方思想宝库》,西方思想宝库编委会译编,吉林人民出版社 1988 年版,第 561 页。
③ 贺麟:《文化与人生》,商务印书馆 1988 年版,第 89 页。
④ 梅萍等:《当代大学生生命价值观教育研究》,中国社会科学出版社 2005 年版,第 133 页。

一是道德信仰的虚无。"信仰是人的一种自我意识和自我感觉"①，在今天这样一个物质主义、技术文明和工具理性盛行的时代，人们的生存形态正在发生改变，现代人更多地"从实用主义、经验主义、功利主义的层面去思考问题，而不去寻求超越现实利益的生活意义、理想价值、信仰与终极关怀，使人的生活表层化、实利化、短暂化，使人对自我的认识与关怀只服从他逐物的需要，不再去思考那些具有永远意义的价值"②。人们更加专注于现实的物质需要和追求，而放弃了精神层面的追求。在这种社会环境的影响下，越来越多的人变得无所信仰，缺少对终极性人生价值和存在意义的追求。尤其是在拜金主义、享乐主义等不良风气的影响下，传统的道德规范体系受到怀疑与否定，使一部分人以消极的态度来对待道德理想，反映出道德相对主义、怀疑主义和虚无主义的取向，放弃对道德价值的追求。相应的，人们心中的善恶是非标准变得模糊不清，越来越多的道德失范行为找到了借口，表现出道德信仰的淡漠与缺失、道德情感的冷漠与麻木以及由此带来的精神困惑与焦虑。在心理上非常失落，在行为上无所适从，怀疑一切，找不到奋斗的方向，对生命质量的感受下降。

二是信仰的世俗化和功利化倾向突出。信仰是感性与理性的统一体，是人类依托现实、憧憬未来的坚定信心。它关乎人的认识、情感和意志，是对世界和人生做出的一种系统的精神追求，它表达了人们在精神需求中不容置疑的确信，是信念在精神层面的坚定与执着。信仰尽管是人们对未来的憧憬与向往，但它的确立和维护是与现实生活密切相关的。在市场经济的推动下，物质的需要犹如被打开的"潘多拉"魔盒，一发不可收拾。无尽的物质需要异化了人，使人陷入利己主义、感官主义和消费主义的陷阱，扭曲了人的社会本性，物质的享受成为首要的选择，人们的信仰呈现出鲜明的世俗化和功利化特征。这种倾向，引起了社会的普遍关注和担忧。一些学者就此指出："现在搞市场经济，面临着过度的物质主义和实用主义吞没理想主义和真诚信仰的危机，最迫切的问题，不是信仰什么，而是没有信仰。最可怕的是没有任何信仰而只信金钱，法律和道德因此而受到冲击。无信仰，就无法找到生活的终极目标，感觉不到幸福，不知道生活的意义和价值所在；无信仰，就无所畏惧，就无法在心中形成时时约

---

① 黄慧珍：《论信仰的本质及其历史形态》，《哲学研究》2000年第5期。
② 鲁洁：《教育的返本归真》，《华东师范大学学报》（教育科学版）2001年第4期。

束自己的道德律令。这样，发生侵害他人生命、毁掉自我生命的事情也就不足为怪了。"① 2004年2月13日至2月15日，云南大学学生马加爵连续杀害4名同学后潜逃，3月15日在海南落网，6月17日被执行死刑。马加爵事件引发社会各界的广泛关注，下面这份记者与马加爵的对话资料或许能引起我们更多的思考：

刑前对话马加爵：没有理想，是我人生最大的失败；有信念的人才快乐。

2004年6月15日下午，距离马加爵被执行死刑不足48小时，在云南省昆明市第一看守所，记者（《中国青年报》记者崔丽）对他进行了独家专访：

记者（以下简称记）：你还记得收到一审判决是在什么时间吗？

马加爵（以下简称马）：上法庭是在4月24号，我收到判决书应该是在4月28号。

记：算下来，至今已有一个半月，在看守所的这段时间，你每天想得最多的事是什么？

马：（沉默良久）想得最多的，还是以前的生活，家庭生活、大学生活、同学，就是觉得以前的生活很美好。

记：这段时期在你的人生中，是比较特殊的时期，你能否概括一下这段时间的心理感受？

马：有时候很感动，因为在看守所里，管教干部和领导都对我很好，像我这种人，他们还能这样对待，很不容易，同时，我也很后悔做了以前的事。

记：四个年轻同窗的生命在你的铁锤下消失了，你对生命有过敬畏感吗？

马：（茫然）没有，没有特别感受，我对自己都不重视，所以对他人的生命也不重视。

记：你知道李开复吗？微软全球副总裁，他对你有过一句评价：马加爵不应该是一个邪恶的人，而是一个迷失方向、缺乏自信、性格

---

① 高锦泉：《青少年生命教育基本理论探讨》，《佛山科学技术学院学报》（社会科学版）2003年第4期。

封闭的孩子。他和很多大学生一样，迫切希望知道如何才能获得成功、自信和快乐，这也是你的追求吗？

马：（脱口而出）不是我追求的，所谓追求，是还没有达到的，我认为自己挺自信，不能说追求自信，至于成功，我平时对未来看得挺开的，找工作的事情从不担心，快乐嘛，这有什么，平时也蛮高兴的。

记：事情的发生，改变了你的这些想法？

马：（立刻有些消沉）肯定改变了，是失败了。我觉得没有理想是最大的失败，这几年没什么追求，就是很失败。

记：这个问题可能很大，但每个人必须给出自己的答案，活着才能有意义，你觉得人生的意义和价值是什么？

马：（抬起头看着记者）活着的价值为自己是有的，但应该更多的是为别人，以前没去想过这些问题，现在意识到了。

记：知道家里人为什么给你起名"加爵"吗？

马：（笑）名字是我爷爷起的，他那一代还很封建，希望我当官发财，但官和钱不是我的理想，小时候想过当科学家，长大后就没有什么理想了。

记：为什么上了大学，有了知识、能力来实现理想时，理想却没了？

马：（晃腿，镣铐声响）不知道，理想这个词，可能在初中就消失了，理想很重要，后来不知道为什么，我成为没什么理想的人。

记：你想过大学生也应该承担一定的社会责任和义务吗？

马：这个问题以前没想过，来看守所后，经常想，我觉得很多大学生的生活是失败的，平时，我与周围的人，浑浑噩噩过日子，学习不怎么努力，也没有想过为社会国家做什么贡献，想到的、关心的都只是自己的那点心事。

我现在觉得一些大学生应该感到惭愧，毕竟，政府在每一个学生身上的投入都是很大的，但是，我觉得很多大学生根本没有意识到这一点，做贡献、奉献想得少，想到的都只是自己。

以前不觉得，现在回想起来，在大学，很多学生没有什么更高的追求。甚至有些人考研，也不是为了什么学术上的贡献，只是为了讨一份生活。

记：如果把大学生与有社会责任、承担义务、乐于奉献相联系，你觉得这会显得挺高尚吗？

马：（果断地）不是高尚，我觉得这很实在，我觉得这样的话，一个人会非常充实，不能用高尚来形容，只能说是信念，有信念的人活着才会快乐。

像我以前在大学时，如果找工作不算一种追求的话，就没什么追求了。以前嘻嘻哈哈的不觉得，现在回想起来很失败。

记：胸无大志的人，会很容易陷入琐碎小事之中，斤斤计较。

马：你说得很对，一般人不会在乎这种小事。

我是一个不可饶恕的人。

记：你还想对同龄的大学生们说些什么吗？

马：大学生不是"天之骄子"，以前我认为是，现在很多大学生不配"天之骄子"的称呼，确实，他们可能比平民百姓知识水平高，但他们还有更多更大的空间没有抓住，没有去珍惜，希望每个人都过得充实一点，有所追求。[①]

马加爵是一个罪犯，但他是一个不幸的人，因为他看不清生命的目标，当他认识到"没有理想是最大的失败"以及"有信念的人是快乐的"时，一切都太迟了。青年大学生容易因缺乏目标而陷入迷茫和痛苦，这就需要理想信念的支撑。我们知道，信仰是信念最集中、最高的表现形式，也就是最高层次的信念。此事件的发生具有多种原因，但生命信仰的缺失以及信仰的世俗化和功利化，是导致这一不该发生的事件的重要原因之一。

三是国家主导信仰缺失与个体信仰的多元化、自我化。主导信仰是一个社会的共同信仰，为全社会所认可。任何一个社会，都要通过共同的信仰去维系，以避免人们的行为失控。在社会的影响力方面，国家的主导信仰应该是最强的，应该被全社会所认同、接受，成为全社会的共同信仰，引导人们的心理，起到精神支柱的作用。信仰迷失的根本就在于一个国家主导信仰的缺失。当前，由于社会处于转轨时期，而且在多元文化的冲击

[①] 欧巧云：《当代大学生生命教育研究》，知识产权出版社2009年版，第168页；《中国青年报》2004年6月18日，http://zqb.cyol.com/gb/zqb/2004-06/18/content_891036.html。

下，信仰呈现出多元化、自我化的态势，难以建立一种权威性的主体价值体系。因而，社会成员在进行价值选择时不知所措，只得"跟着感觉走"，按照无所谓的想法进行选择，从而使信仰的建立日益多元化和自我化。在这种背景下，一些人尤其是年青一代从社会生活中看到的、听到的与主导信仰不一致甚至相悖时，他们的信仰就会发生危机，开始怀疑自己受到的教育，抛弃既有的信仰，将信仰转向别处，比如信奉宗教、沉溺于算命、星座等迷信活动。还有的人会产生一种强烈的失落感、孤独感、严重的会出现行为失范，甚至出现人格的分裂。

三 生命道德教育环体因素

生命道德教育环体指生命道德教育的环境。作为一种社会活动，生命道德教育总要在一定的环境下进行。荀子说过："蓬生麻中，不扶自直；白沙在涅，与之俱黑。"[1] 环境对人们品格的形成具有极大的作用，教育者应该创造良好的教育环境，使受教育者能够健康成长。《辞海》对环境的界定为：一是围绕所辖的区域；一是围绕着人类的外部世界。[2] 在我们看来，所谓环境，也就是人类主体在活动时所必需的自然条件、社会条件以及文化条件的总和。马克思说过："人创造环境，同样，环境也创造人。"[3] 一方面，人是环境的主宰，人总是按照主观的认识水平、审美观念以及价值标准来组织、改造和利用环境；另一方面，环境又哺育了人，通过自身独特的作用，环境潜移默化地熏陶和感染着人，使人们不知不觉地受到教育和影响。生命道德教育环境对生命道德教育起着重要的作用，

从一般意义上讲，环境包括自然环境和社会环境。自然环境是指人类社会存在和发展的自然条件的总和。如日月星辰、江河湖海、山川平原等。社会环境是指人们所处的社会条件的总和，也就是社会历史进程中形成的各种社会关系的总和。人的生存和发展离不开地理位置、自然景观等自然环境，自然环境对人的思想也会产生一定的影响，所以我们把自然环境作为影响生命道德教育环境的内容之一。但是和社会环境相比较而言，自然环境并不是起决定作用的因素，起决定作用的是社会环境。这是因为

---

[1] 《荀子·劝学》。
[2] 转引自项燕《论思想政治教育环境的优化》，《理论界》2005年第1期。
[3] 《马克思恩格斯选集》第1卷，人民出版社2012年版，第172—173页。

人的本质是各种社会关系的总和，人的思想是社会存在的主观反映。社会环境就其覆盖面而言，可分为宏观环境与微观环境，宏观环境又称"大环境""大气候"，包括社会经济制度以及现实政治状况、社会文化及各种文化活动等；微观环境又称为"小环境""小气候"，一般是指与人们的活动直接相关的局部环境因素，包括家庭环境、学校环境、社区环境等。[①] 生命道德教育环境是一种特殊意义的环境，它指的是影响人的生命道德形成和发展，影响生命道德教育活动的一切外部因素的总和。这里我们主要探讨影响生命道德教育的社会环境。

（一）宏观环境对生命道德教育的影响

1. 经济环境的影响

世间一切事物都是利弊相随的矛盾统一体，市场经济也不例外。市场经济为人的自由全面发展创造了条件，具有积极影响，与此同时市场经济对人的自由全面发展也带来了消极影响，也就是说市场经济对人的自由全面发展具有二重性。

市场经济在现实的运行中肯定了人的主体性意义的同时，又将人的主体性异化；在为人的自由全面发展创造条件之时，又使人陷入了"物化"的泥潭不能自拔。市场经济是以等价交换为基础的，它为人的自由发展提供了平等的条件，造就了人的主体意识、自主意识、效率意识、竞争意识、开放意识等。每个公民的民主、公正、平等、自由权利受到了社会的尊重，公民能力的发展和价值的实现存在着较大的自由空间。市场经济的积极效应主要表现在三个方面。首先，强化了人的超越性，在竞争中迫使人们不断地反省自身，从而构筑属于人的世界。其次，以市场经济为基础的公平效益原则日益得到显现。再次，肯定人的物质利益，解放人的自由意志。但是，在市场经济条件下人们的关系主要表现为经济利益关系，追求利益最大化是商品生产与交换的基本动机和原则，容易引发拜金主义、享乐主义、极端个人主义等消极现象。而且科技的高度发达又将人推向单向度的片面发展。市场经济的负面效应引发了诸多道德失范现象。

市场经济对人的生命存在和思想道德意识也有消极影响。随着市场经济改革的深化，随着市场竞争的加剧，原有利益基层不断分化。社会经济

---

① 彭舸珺：《思想政治教育在我国构建社会主义和谐社会进程中的功能探究》，硕士学位论文，西北师范大学，2006年。

成分和分配方式的多样化发展，经济的快速发展有时候会导致社会利益的非均衡发展，一部分人的福利或满足程度得到增加，是以牺牲另一部分人的福利或满足程度为前提的。由于人们在自身家庭背景、个人能力和知识经验等方面存在差异，一方面，社会阶层的分化使各阶层的利益主体通过参与公平竞争成分挖掘自己的潜能来获得本阶层和自身的利益以便满足不同程度的需求；另一方面也意味着一些稀缺的社会资源，譬如财富、权力、地位、名望，在社会各阶层之间分配的不平等。处于不同利益阶层的人们在这场利益与资源的争夺战中，承受着不同程度和性质的利益风险。由于政府在转型期干预机制的疲软，人们收入差距的拉大，经济地位、社会地位的变化，使各种利益风险和生存压力明显加大。当代中国不论哪个阶层的人都面临着飞速发展的社会现实，承受高张力、高强度、高频率的生活节奏的刺激以及随时失业的精神压力。外在的生存危机与内在负荷的加重，人们心中充满了紧张、焦虑，心理负荷越来越重。再加上当前市场、法律不健全带来的某些不公平现象，使人们更加感到生活和心理上的无助与无望，积聚的情绪很容易通过过激的方式发泄出来，造成社会失范行为。可以说，急剧转变的中国正在步入一个充满压力的社会，社会中充斥着强烈的利益冲动，可是却没有一套可以遵循的规则体系；社会各阶层的利益结构及经济地位正处于大规模的、急剧的重构中，威胁人们生存甚至生命的因素时常存在，很多人对自己的未来有一种不确定的感觉，社会中弥漫着一种普遍的、焦虑不安的情绪和浮躁的氛围。"任何一个群体——从南到北，从中年到青年再到儿童，从白领到教师，从领导干部到一般群众，都在承受着来自社会、单位和家庭各种各样的压力，这种压力或大或小地影响着人们的身心健康，对于一部分人而言甚至成了'不可承受之重'。"① 在这样一个充满压力的社会里，社会各阶层的安全感普遍降低，并且充满了人生的困惑和生命的焦虑。一个人如果长期处于心理应激状态而又缺乏正确的认识与积极的应对方式，就会日益焦虑和精神疲惫，进而对自己的存在意义和生命价值产生怀疑，对生活失去信心。有些人无法承受这种沉重的压力时，便有可能采取伤害他人或自杀的方式求得解脱。

---

① 《中国社会转型，六成多年轻人觉得压力大》，《中国青年报》2005年10月19日。

2. 文化环境的影响

随着全球化浪潮的影响,"文化成了一个舞台,各种政治的、意识形态的力量都在这个舞台上较量。文化不但不是一个文雅平静的领地,它甚至可以成为一个战场,各种力量在上面亮相,互相角逐"①。

20世纪90年代初,随着通信技术和互联网日新月异的发展,全球各民族国家之间的政治、经济、文化的普遍联系和交往日甚一日地加强,全球化现象凸显,成为我们这个时代最重要的特征之一。

当前,全球化对世界历史进程和中国历史进程的影响正变得越来越深刻,这些年来国内和国际发生各种重要事件,几乎没有一件不与全球化相关。何为全球化?国内外许多学者从不同的角度对其做了界定。美国经济学家奥多尔·拉维特把全球化理解为各国经济的开放度、经济的相互依赖以及经济一体化的过程。经济学家索罗斯认为全球化是资本的自由流动和全球金融市场及跨国公司对各国经济日益加强的支配。英国社会哲学家吉登斯把全球化界定为世界范围的社会关系的强化和现代性的全球性扩张。美国罗兰·罗伯森指出,全球化既指世界的压缩,又指世界是一个整体的意识的增强。全球化既是一种客观事实,也是一种发展趋势,无论承认与否,它都无情地影响着世界的历史进程,无疑也影响着中国的历史进程。正如世界贸易组织总干事鲁杰罗所说:"阻止全球化无异于想阻止地球自转。"② 全球化主要是指经济全球化,或者说,全球化的核心或主要内容是指经济全球化。然而,经济全球化也是在悖论中演进的过程。人类面对的是一个不同于以往的时代,这个时代对于人类的生存与发展而言,既提供了机遇,又提出了挑战。

全球化势不可挡,它促进了国际经贸与文化的交流与合作,增进了不同民族、不同国家与地区之间的友好往来,为人类社会的进一步发展开拓了广阔的前景。全球化促进了各民族、各国、各地区政治、经济、文化的整体发展和提高。然而,全球化也是一把"双刃剑",既有正面效应也有负面效应,它既把人类世界历史文明向前大大地推进了一步,但又给人类

---

① [美]爱德华·W. 萨义德:《文化与帝国主义》,李琨译,生活·读书·新知三联书店2003年版,第4页。

② 杨鲜兰:《经济全球化条件下人的发展问题研究》,中国社会科学出版社2006年版,第76页。

社会带来了不可低估的消极影响，这种消极影响突出地表现在全球化引发的诸多伦理道德问题上。全球化引发的伦理道德危机是当今世界面临的严峻现实，也是世界各国遇到的共同难题。英国历史学家阿诺·汤因比在《人类文明的困境》一书中指出："人类物质文明愈发展，对正义、善良等美德的需要也愈为迫切，这样物质文明才能有益于人类社会……人类社会的心灵尚未发展到驾驭物质文明的水平；尤其是现今的道德真空比过去任何时代更加恶化。"[①]

对生命道德教育来说，全球化不仅是机遇，同样也是挑战和压力。这种压力除了生存的压力，更多是源于多元文化和社会思潮带来的价值观冲突和意识形态较量所形成的思想迷茫和精神失落。

在全球化背景下，不同文化之间在相互交往中取长补短，兼容并蓄，和平相处，共同发展。似乎呈现出费孝通教授所说的"各美其美，美人之美，美美与共，天下大同"的文化交往的理想状态。但事实并非如此，现实并不以我们的美好愿望为转移。当前的全球化并非意味着全球的趋同，也并非意味着世界的大同。全球化进程中处处充满着不同文化间、文化的全球性和民族性的矛盾及冲突。全球化背景下的"文化帝国主义"的推动者是以美国为代表的西方国家，它们作为全球化进程的推动者和主导力量，为了达到经济和政治上的目的，从未放弃按照自己的意愿价值取向去建构、统摄世界的企图。

多元化的文化明显地体现着转型社会中的人们理想信念、价值观念、道德观念、生活态度的多元化和多变性，一方面它满足了人们不同层次文化消费的需求，给人们提供了丰富的文化财富，开阔了人们的精神视野和生活空间，推动着人们思想观念和思维方式向现代的转型；另一方面也给现代秩序所追求的思想统一、观念整合的目标带来消极的影响。经济全球化并未减弱价值冲突和文化冲突，这种冲突是跨国界、跨地区与国内、地区冲突的交错，影响更广泛，隐蔽性更强，矛盾更尖锐。传统文化与现代文明的冲突、民族主义与全球文化的对峙，使人们无所适从。西方资产阶级腐朽没落的思想文化观念和思潮更是影响着人们的是非判断和价值选择。功利主义、消费主义、相对主义、后现代主义等思想观念冲击和影响

---

① 转引自何齐宗《世纪之交的世界道德与道德教育》，http://www.doc88.com/p-147667851715.html。

着人们的是非判断和价值选择。功利主义认为，趋乐避苦是人的天性，追求个人利益是一切行为的目的。功利主义思潮的泛化使人们陷入物化取向与精神迷茫之中。消费主义是一种以崇尚和追求过度的占有与消费作为满足自我和人生目标的价值取向以及在这种价值观念支配下的行为实践。消费主义作为一种生活方式，其消费的目的不是满足实际生活的需要，而是满足在不断追求中被制造出来、被刺激起来的消费欲望。"当人的所有需求都被消费欲望、消费时尚所遮蔽时，人们将陷入'我所占有和所消费的东西即是我的生存'的极度精神贫乏和心灵空虚的疲软状态之中。"① 相对主义认为，世界万物都只能是相对的，不存在普遍的标准，表现在道德上，认为道德没有普遍的标准。对人生和社会采取虚无主义的态度，随波逐流，得过且过，不去辨别是非善恶，导致现代社会普遍性的"道德危机"；后现代主义的"无中心""无真理""无权威"的理论和"怎么都行"的方法，使人们失去了赖以存在的一元论基础和核心价值观念，同时也就丧失了自己的精神家园和心灵港湾。对生命终极意义的关怀、对社会的责任和使命的担当在"怎么都行"中被现代人搁置和疏离。

3. 网络环境的影响

网络即国际信息互联网络，是指集通信网络、计算机、数据库以及日用电子产品于一体的电子信息交换系统。它能使每个人随时随地将文本、声音、图像、电视信息传递给终端设备的任何地方或个人。② 计算机及其互联网的发明和应用，可以说是20世纪最大的科技成果。从1994年4月我国获准接入Internet以来，互联网在中国得到了迅猛的发展。如今，它已进入千家万户，运用到各个领域，一个以互联网为核心的网络社会在中国已悄然形成。根据中国互联网的数据，截至2011年12月，我国网民人数已经达到5.13亿，位居世界第一。③

随着网络技术在全球的迅速扩展，人类社会正在经历着一场意义深远的革命，马克思曾经说过，一个革命性技术的采用，与全新的社会形态的生成是同步的。网络技术的推广和拓展，意味着人类社会正逐步从工业化

---

① ［美］埃利希·弗罗姆：《占有还是生存：一个新社会的精神基础》，关山译，上海三联书店1989年版，第77—78页。
② 张鸿燕：《网络环境与高校德育发展》，首都师范大学出版社2008年版，第38页。
③ 人民网传媒频道 http://media.people.com.cn，2012年1月17日。

社会向信息化社会迈进。这场跨时空的信息革命，比历史上任何一次技术革命对人类社会经济、政治、文化等带来的冲击都更为巨大，标志着一个新的时代的到来。《信息时代宣言》（1996）宣告："一场汹涌澎湃的计算机网络化、信息化的世纪风暴，正席卷着世界的每一个角落：从东到西，从南到北，从亚美利亚到欧罗巴，从亚细亚到澳新大陆，从阿拉伯到阿非利加……不分种族，不分肤色，不分语言，不分地域，不分国度，信息化已经成为不可逆转的历史进程！"① 毫无疑问，人类迎来了亲手创造的网络社会和孕育着蓬勃生机的网络文明。

网络已将而且并将在未来继续改变一切，对社会中的每一个人、每一个社会组织都产生了越来越多的直接或间接的影响，从而影响到人和社会当前及未来的发展方向。互联网的出现，改变了人们的生活方式，对置身其中的现代人的思想意识产生了巨大的影响。网络生存方式又不可避免地给人的生命造成了前所未有的异化。

首先，"人—机"交往，导致角色错位。在网络环境下，人们的网上行为发生在"虚拟世界"中，即人与人的交往不是面对面、真实实在的交往，而是"人—机"式的交往。这种交往关系的发展将影响和改变学生的人际交往方式，导致他们忽视真实可信的人际关系，而偏重于"人—机"对话式网上虚拟交往，产生人际关系的冷漠、人际情感萎缩，人际距离疏远，从而造成新的人际关系的障碍。心理学家认为，当人们整日盘坐在网络终端之前，或者通过这个社会情感贫乏的媒体与匿名的陌生人交流时，他们会变得与现实社会相隔离，与真实的人际关系切断开来。在现实生活中，在人际交往中遇到冷遇和挫折时，不是积极地去调节、完善，就会选择逃避、放弃，转而沉湎于网络交往中寻找慰藉，对身边的人和事漠不关心、冷漠无情，陷入孤立疏懒、空洞贫乏的人生状态和空虚苍白的心理状态，影响其团队意识和合作能力的养成，严重的甚至出现自杀或暴力倾向。

其次，人格结构失衡，导致人性异化。由于所谓的"数字化生存"把人简化成数字、代码和符号，而人都是有情感、有思想、有意志的，如果被简化为数字或符号，就没有办法视其为"生命"。在网络环境中，由

---

① 陆群等：《网络中国：网络悄悄改变我们的生活》，兵器工业出版社1997年版，第48页。

于网络技术的数字化，使人们在网络中的交往受"数字"规律控制。在网上，人们不仅身份被数字化了，而且网上行为也被数字化了。无论收发 E-mail，还是参加 BBS、玩网络互动游戏等，都是以数字化的形式完成的。这样年复一年、日复一日地在网上生活，渐渐就会忘却自己的本真。由于人们沉溺于数字化的环境，脱离"在场"的社会关系太久，将自己视为纯粹意义上的"符号"，一个没有太多社会内涵的符号，避开社会化的过程，步入纯粹的数字化过程，造成"人性异化"，并且使自己成为片面的人。

再次，容易使人们产生负面情绪和侵害性行为。网络的暴力倾向是令人担忧的。曾有人统计过，在互联网上流动的非教育信息中，70%涉及暴力。网络暴力表现得最突出的地方是网络游戏。当前流行的绝大多数电子游戏，其内容都充斥着各种暴力成分。随着网络游戏设计水平的提高，血腥的暴力场景通过逼真的声像镜头和画面赤裸裸地展现在青少年的视野中，在游戏中，人们扮演着施暴者的角色，让自我个体在虚拟世界中体验着真实的格斗屠杀的快感，在虚拟的暴力游戏中忘记了自身的现实生活。暴力游戏呈现的是赤裸裸的厮杀和暴虐，在一定程度上刺激了人们的争强好胜、动辄暴力的心理，容易引发人性中残忍和冷酷的一面，造成青少年同情心和体会他人伤痛能力的丧失，同时也容易使青少年道德意识淡漠，唯我独尊，极端个人主义盛行。并可能使一些"武力解决问题的思想"，潜移默化地影响人对事物、事件的判断能力，尤其是世界观、人生观和独特的个性都没有最终形成的青少年，常常会把虚拟形态和文化样式的东西内化为心理上的待机暴力，乃至最终彻底"还原"为生活中的实然暴力，最终在行为方式、处事原则和思维上出现极端的倾向。

最后，引起双重或多重人格障碍。网络技术的发展，会引起人们的人格障碍。人格是一个人所表现的稳定的精神面貌，具有一定倾向性的心理特征。所谓人格障碍，是指人格特征显著偏离正常，使患者形成了特有的行为模式。对环境适应不良，常常影响其社会功能，甚至与社会发生冲突，给自己或社会造成恶果。网络是一个平台，为人们的交往提供了一个开放的自由空间。但是，网络也是一个屏障，它掩盖了人们的真实面目。网络的人际交流是在虚拟情境下的，人们各自戴着虚拟的面具进行交流，它缺乏现实生活中人际交流的真实感和确定性，使人与人之间的关系建立在一种极其脆弱的基础上。由于网络人际交往具有匿名性特点，一些青年学生在网上认为对自己的言行无须承担责任，往往在言语上非常随意，容易形成攻击性人格。还有一些青年学生在网上交际时，经常扮演与自己实际身份和性格特点悬殊甚至截然不同的虚拟角色，同时，拥有多个分别代表着不同身份和性格特点的网名。因而，他们时常面临网上网下判若两人、多重角色差异和角色冲突。当多重角色之间的冲突达到一定程度或角色转换过频时，就会出现心理危机，导致双重或多重人格障碍。根据社会心理学的研究，在匿名情况下，人们更容易做出侵害性行为。在匿名状态下，人们有一种摆脱压抑、无拘无束的感觉。有时人们以此来表达某些令人不愉快的需求或感情，甚至作践别人，进行犯罪活动。

（二）微观环境对生命道德教育的影响

1. 家庭环境的影响

家庭，是由婚姻关系、血缘关系或赡养关系组成的最基本的社会生活组织形式，是社会不可分割的组成部分，是构成社会的细胞。家庭是生命的诞生地，是人出生后的第一所学校，是个人成长的摇篮。家庭环境对生命道德教育起着重要的作用。

教育为树人之本，家庭教育乃教育之源。家庭教育担负着传授文化知识，培养道德品质，指导行为规范等责任。家长自身的思维方式、行为方式、生活方式等都为子女提供了参照系和示范。新加坡前总理吴作栋指出："我们通过家庭来传授价值观、培育年轻人、建立自信以及相互支持。学校可以传授道德观、儒家思想或宗教教育，但是，学校的教师不能替代父母或祖父母，来作为孩子最重要的模范。"[①] 家庭的教育功能不可低估。法国思想家福罗倍尔说过，"国家的命运与其说操纵在掌权者手中，倒不如说掌握在父母的手里"。家庭情感教育是影响人的情绪、情感发展的最早、最大的因素。在充满着天然情感的家庭世界里，家庭情感教育的质量深深地影响着成长中的孩子们。

人本主义教育理论认为，唯有建立良好的亲子关系，创造接纳、尊重、温暖与关怀的环境，使孩子感受到温馨与人性，孩子才有生长与成长的可能。有一句阿拉伯谚语这样说："一棵无花果树看到另一棵丰收的无花果树，就同样变得硕果累累。"可见，良好的家庭环境给青少年带来的

---

① 转引自吕元礼《新加坡"家庭为根"的共同价值观分析》，《东南亚纵横》2002年第6期。

正面影响。精神分析学家弗洛伊德认为,人的早期经验可能影响一个人一生的情感反映方式,某些人对死的眷恋,对生命的毁灭冲动,是早期情感阴影所致。我国学者在调查研究中也发现,不良的亲子关系,是导致儿童心理疾患、青少年违法犯罪的最主要原因之一。恩格斯曾经指出:"忽视一切家庭义务,特别是忽视对孩子的义务,在英国工人中是太平常了,这主要是现代社会制度促成的。孩子们就是在这种颓废风气盛行的环境中(他们的父母往往就是这种环境的一部分),在无人管教的情况下成长起来的,又怎能指望他们日后具有高尚的道德呢?"① 父母的世界观、人生观以及他们的言行举止,会给子女留下深刻的印象,在以后的成长中也往往以此为基础并作为判断的参照系。所以,家庭的长期影响、教育,从某种意义上说,将决定一个人的性格、品行。现代家长应该有意识地为子女营造一个良好的家庭环境。

2. 学校环境的影响

学校是有计划、有目的及有组织地向青少年传播社会规范、技能、知识即开展教育活动的场所。学校是社会的缩影和晴雨表,是学生进入社会的桥梁。学校环境对学生的影响非常大,"儿童所学到的东西中,来自他们在学校环境中的经验的东西,与教给他们的东西一样多"②。学校环境主要由精神文化环境和物质文化环境构成。精神文化环境,包括学校所有成员的群体思想意识、舆论氛围、心理素质、人生态度、思维方式、校风、教风、学风、精神风貌等。它是营造生命教育环境的内核和灵魂,是学校开展生命教育的动力。苏霍姆林斯基说过,"学校必须是一个'精神王国',而只有当学校出现了一个'精神的王国'的时候,学校才能称其为学校"③。物质文化环境,一般包括校园建筑、校容、校貌、教育教学设施等。它是整个校园文化环境的载体和物质标志,是设置生命教育、环境育人的物质基础。精神文化环境和物质文化环境对学生会产生一种潜移默化的影响。好的环境,可以陶冶学生的情操,塑造学生的人格;相反,

---

① 《马克思恩格斯文集》第 1 卷,人民出版社 2009 年版,第 443 页。
② [美] 罗伯特·德里本:《学校教育对学生规范的贡献》,《哈佛教育评论杂志》1967 年第 37 卷第 2 期。
③ 徐金才、何云峰:《管理:科学与人文融合的学科教育的支撑》,《江苏教育研究》2006 年第 6 期。

坏的环境，会对学生带来不好的影响。正所谓"染于苍则苍，染于黄则黄"。教师的人格力量更是无声的语言，对学生的人格影响非常大。

3. 社区环境的影响

社区，是指在生活上互相关联的、聚集在一定地域中的人群的生活共同体。[①] 本书主要是指城市中某一特定地理区域或行政区域，是以一定的社会关系为基础的特定区域，是城市最基础层面的单位，也可以说是某一城市在生活上互相关联的、聚集在一定地域中的人群的生活共同体。随着经济社会的协调发展和城市化进程的加快，人们的生存、生活空间逐渐移向社区，社区环境和社会氛围对人们的成长发展发挥着潜移默化的影响。古代"孟母三迁"的故事，就体现了社区对人的影响不可忽视，社区之间人对人的影响不可忽视。研究表明，人的发展、智慧的发展是靠他自己与周围环境发生相互作用而慢慢构建起来的，所以周围的环境对人的成长起着重要的作用。社区环境，包括社区的自然条件、人文环境、日常生活等。个人一般都生活在一定的社区里，其思想必然受到社区环境里各种因素广泛而复杂的影响，这种影响是无形的。影响社区成员的因素主要有以下三个方面。第一，社区生活秩序。包括社区生活是否安定，治安状况如何。第二，社区的风气。长期以来稳定的、起主导作用的社区风气，将对社区成员的品德产生很大的影响。社区风气包含着许多约定俗成的社会心理和社会行为，比如：社区成员的习惯、爱好、行为等。社区风气会对生活于其中的每个成员产生潜移默化的作用，并将直接影响青少年生活习惯的养成。第三，社区特定的道德规范。社区是一个相对松散的群体，舆论和相应的道德规范是协调和制约社区成员关系的主要手段。作为一个个体，在社区中生活，必须首先遵守该社区特定的道德规范，才会被该社区所容纳。第四，社区人际交往。人际交往对人们的思想和心理影响巨大，具有协调作用。在社区成员交往的过程中，社区风气以及社区的行为规范和风俗习惯，影响着社区的每个成员，促使人们的行为保持协调一致。由于生理、心理、空间等因素的特殊性，青少年处于人一生中社会交往比较频繁的阶段。因此，社区的人际交往对青少年品德的形成和发展的影响非常大。所以，我们必须积极地创造条件，引导青少年进行正常的人际交往，促使他们形成良好的思想品德。

---

① 张耀灿、陈万柏主编：《思想政治教育原理》，高等教育出版社2003年版，第221页。

4. 群体环境影响

本书主要探讨同辈群体环境。同辈群体又称同龄群体，一般是由一些年龄、爱好、兴趣、价值观以及社会地位等方面比较接近或相似的人所组成的一类关系比较密切的群体。[①] 同辈群体可以分为现实同辈群体和网络同辈群体，他们之间交往频繁，经常一起活动，凝聚力强，彼此之间有着较大的影响。同辈群体是一个人成长发展的重要环境和因素，尤其是在青少年时期，同辈群体有着特殊的作用和影响，当家庭的影响逐渐衰退和失去过去的垄断地位时，同辈群体的影响会越来越强烈。同辈群体由于其组成的特殊性，具有非凡的影响作用。

首先，同辈群体具有较强的心理认同感和凝聚力。同辈群体是由年龄、爱好、生活和学习模式、感情等接近的个体自由选择而组合在一起的，他们相互之间容易得到理解和支持、尊重与关心，容易产生较高的心理认同感。其次，同辈群体具有自己的价值标准和行为规范。同辈群体由于成员之间相互的社会交往和互动而存在，并通过对行为的反思与讨论，在认可和否定中逐渐沉积自己的评判标准和行为方式，形成自己独特的价值标准和行为规范，成为他们认识自我、认识社会的蓝本。其次，同辈群体具有自己的核心人物。同辈群体中的核心人物是凭借个人的才能、知识、品德等个人内在因素被群体内其他成员普遍认可而形成的。他对群体的影响是权威的，具有一定的号召力与凝聚力，核心人物的品德和社会行为对群体成员起着一定的引导及榜样的作用。最后，同辈群体具有非强制性的社会化效应。同辈群体由个人自由选择而成，为非正式的群体。群体之间由于年龄相仿，相互之间不会存在价值观念、生活及行为方式上的太大差异，他们之间可以在自由和平等的氛围中进行信息交流与沟通，学习与精神方面的苦恼可以在群体内得以释放，并且以相同的眼光看待周围这个世界，取得对周围事物一致性的看法。可以说同辈群体中的成员是在其对个人的社交、安全、尊严、优越的满足中自然实现个人社会化的。

美国社会心理学家 M. 米德认为："在现代社会中同辈群体的影响甚至大到改变传统的文化传递方式的地步。"[②] 可见，同辈群体的影响是巨大而深刻的，而且具有积极与消极两个方面。其中，积极的一面主要表现

---

① 张耀灿、陈万柏主编：《思想政治教育原理》，高等教育出版社 2003 年版，第 221 页。
② 参见郑杭生《社会学概论新修》，中国人民大学出版社 2002 年版，第 83 页。

在：同辈群体可以满足情感的交流与发展；获得生活经验与社会信息；弥补独生子女家庭教育的不足；促进生活目标和价值观的确立；影响人们社会角色和社会规范的培养。

消极的一面主要表现在：人们容易受群体内个别人物的影响，因此，一旦群体的某个人物的道德和行为偏离了正确的轨道，群体内其他成员很有可能受其影响而发生偏离，产生反社会的行为；由于群体内强大的约束力，会迫使青少年屈从于群体行为规范，会使群体转向消极方面，从而抵消或颠覆家庭、学校和社会的主流文化教育；同辈群体间维系关系的是爱好、兴趣、情感，不具备制度性、强制性和稳定性，因此缺乏理性指导和约束机制。一旦发生冲突，容易形成暴力等反社会的行为。同时，群体内的矛盾冲突，也会因情感因素缺乏理性的指导而走上分裂；同辈群体具有较强的凝聚力，容易形成"小圈子"，这样会把群体与群体外的人隔离开来，使被排斥的人自尊心受损，产生孤立感，影响情感交流，严重的有可能会产生报复心理。[①]

[①] 高中建：《当代青少年问题与对策研究》，中央编译出版社2008年版，第364—368页。

第四章　生命道德教育的对策

第一节　对于教育主体应采取的相关对策

一　提升主体的人文教育理念

"人文"一词，出自《易·贲·彖传》："文明以止，人文也。观乎天文，以察时变；观乎人文，以化成天下"，意在"鼓励人们发挥人文素质，提升道德精神，发扬艺术创造，并进而以这些人文的成就来教导民众、转化世俗，使之成为有文明而尊重人性的社会"①。西方文化中的"人文"一词更多地与出现于欧洲文艺复兴中并在日后发展起来的人文主义（Humanism）相关联，意为"高雅技艺的教育与训练，就是教养的意思"②。

广义的人文都是指人类文化，包括人类社会的各种文化现象，但近代以来，各种学问和知识日趋专门化，关于自然界的研究与关于人和社会的研究日渐分离而各自成为独立的知识领域。狭义的人文不包括对自然现象的探究，而专指人文科学。狭义的人文与科学有着明显的差别。所谓"人文"，就是指追求健康与进步，坚守道义和责任，向往真善美的文化，就是尊重人权与个性，维护自由和平等，重视人、尊重人、关心人、爱护人以及爱护和关心人类的文化。③ 人文性是侧重于从人所生活的人文世界、精神世界出发，基于人对生活的感受、感悟来抒发和畅怀，符合人们"求善"和"求美"的追求。

科学性与人文性是相对的，但不是二元对立的，而是相通的。科学是

---

① 李亦园：《文化与修养》，广西师范大学出版社2004年版，第3页。
② 吴国盛：《让科学回归人文》，江苏人民出版社2003年版，第235页。
③ 石亚军：《人文素质论》，中国人民大学出版社2008年版，第16页。

求真，人文是求善、求美，求真须以求善、求美为导向，求善、求美须以求真为基础。科学性里有着浓厚的人文性，人文性也包含着科学性的丰富内涵，两者共同构成人们对"真""善""美"的追求。

在各项具体工作方面，针对我国当前人文素质教育存在的问题和不足，应当具体问题具体分析，在把握人文素质教育本质和目标的基础上，有的放矢，研究总结国内外一切有益的经验，勇于创新，开辟一条成功的人文素质教育实践之路。

（一）通过课程，加强人文教育

课程是学生增长见识的视窗和经受锤炼的熔炉，是人文教育的主渠道。课程内容水平的高低，课程方法活力的大小，都会对学生人文视野的宽与窄、人文内涵的厚与薄、人文胸怀的广与狭、人文能力的大与小带来影响。各学科除落实教学大纲要求外，还要挖掘本学科人文教育的因素，制定出加强人文素质教育的具体目标和要求。

1. 通过人文课程建设，加强人文教育

人文课程不应是可有可无的，无论是在中国还是西方，人文课程都是古已有之。在中国，先秦时期便提出了"六艺"（礼、乐、射、御、书、数），古希腊罗马人则提出了"七艺"（文法、修辞学、辩证法、音乐、算术、几何学、天文）。通过对"六艺"和"七艺"的学习，提升人的道德品质和潜能，培养其理想人格，其目标是全面发展人性。我们应该改变人文课程在学校课程中的边缘地位，开设人文社科类必修课、选修课，尤其是历史、哲学、文学、社会学、艺术等人文学科课程，通过这些课程引导学生去思考人生的目的、意义、价值，发展人性、完善人格，为学生受到较为系统的人文素质教育奠定基础。

掌握知识并非人文课程最根本的目的，"人文教育的实质不是知识性、技术性、实用性、时尚性的——虽然它与这些方面有关，人文教育的实质是精神性、智慧性的。它试图解决的不是'头脑'问题而是——'心灵'问题——尽管我们常常需要通过头脑的'高度'而达至心灵的'深度'。……一位没有人文精神自觉意识的人，即便满腹经纶也只是个知识的储存者，人文知识性的东西只有在人文精神的层次上，其价值才能得以复活。达不到精神层次的'人文教育'就不是真正意义上的人文教育"[①]。人

---

① 辛继湘：《体验教学研究》，博士学位论文，西南师范大学，2003年。

文教育的目的主要在于引导学生学会做人、学会关心、学会思考,包括如何处理人与人、人与社会及人与自然的关系以及如何培养自身的情感、意志和理性等方面的问题。如果学生通过人文课程的学习以后,"大都不会通过自己独特的人生经历用自己独特的视角去审视自己及周围的生活,评判自己、他人和社会的行为,不会用自己的头脑去总结、反思、发现生活和人生的意义;他们很少去关注生命、自然和整个人类的普遍的生存状态;他们缺少对人的精神价值、对人格的完整健康、对人性的丰富复杂、对人的自由和发展的终极关怀,缺少对真善美、仁慈、博爱、平等、宽容等价值理想的探求和批判;他们透视不到世间深蕴的生活真谛和人生本质,更说不上透过时空触及人性、触及文化"①,那么,我们的人文课程的教学便是不成功的。

人文课程中的人文教育内容非常丰富,要把习得的知识转化为内在的精神,成为自己生命中的一部分,必须通过相应的途径和方法。

一是以情怡情。情感在人类道德生活中的重要性是不言而喻的。美国教育家麦克默林认为,目前学校中普遍存在的弊端是不能着意培养情感和意志方面的人格和经验,其实,只有情感才是道德教育、宗教教育、艺术教育的基础。日本教育家井深大批评偏重理智的教育是"忘记了方向","丢掉了另一半的教育"。我国教育家夏丏尊先生把教育与情感的关系比喻为池塘与水的关系,指出,犹如没有水就不能成其为池塘一样,没有情感也就没有教育。②而苏霍姆林斯基也说过,"薄情就会产生冷漠,冷漠会产生自私自利,而自私自利则是无情之源"③。以情怡情,就是要注意把人的认知活动与情感活动融合起来。道德知识要由"外"转向"内",必须融入道德情感,才会成为人的道德生命的组成部分。从学生的认知学习角度看,学生要进行有意义的学习,使学生在对知识理解的基础上不断形成新的认知结构,必须有师生情感上的共同介入。教师在上课时,以真切的情感去感染学生,会使认知更深刻、更久远,同时,使人的整体道德

---

① 史文:《思想的缺席:一个危险的现象》,《语文学习》2002年第11期。
② 参见李建华《道德情感论——当代中国道德建设的一种视角》,北京大学出版社2011年版,第189—190页。
③ [苏]苏霍姆林斯基:《帕夫雷什中学》,赵玮等译,教育科学出版社1983年版,第193页。

素质得到提高。

二是以美陶美。"美"在人的精神陶冶中起着十分重要的作用。越能发现美、感受美的人越热爱生活，越会感到生命的价值。反之，不能发现美、感受到美的人，可能会消沉，导致丧失活力甚至更严重的后果。审美与伦理价值判断是紧密联系着的。审美能从一个特定的角度帮助人分辨美丑、趋向美善、反对丑恶。从而完善人的品质，促进人健康向上。"美"与人整体素质的提高密切相关。① 以美陶美，首先要能发现课程中的美。人文课程中，语文课通过语言文字展现的自然之美、生活之美、人性之美；美术课通过线条、形状、色彩来直观地表现人与物的美；音乐课用声音表现高山流水、诗情画意，舞蹈课用形体来表现人生、信念与精神。其次，要用美的教学手段和语言来表达美，"美感的培养对于道德感的意义在于，它不仅将人导向健康的心灵生活，培养我们的想象力与灵感，而且激发我们的创造力，陶冶我们的善良心性，从而为塑造一个和谐的社会奠定基础"②。

三是以意境唤醒人。"意"指的是教师、学生在教学艺术、教学美的创造过程中所表露出来的思想、情感，其特征是情与理的有机统一；"境"是指教学艺术所表现所反映的审美情景和艺术氛围，其特征是形与神的有机统一。③ 尽管教学意境作用很多，但最独特的作用是"唤醒"，唤醒学生情感，唤醒学生的智慧，唤醒学生的自我意识和生命活力。这种唤醒往往深达人存在的本性和无意识的深处而非停留在认知层面，使教学不只是"传授或接纳已有的东西，而是从人生命深处唤起他沉睡的自我意识，将人的创造力、生命感、价值感唤醒"。④ 这种唤醒是知、情、意的整体唤醒，不仅使学生获得对世界的认识，而且获得精神的开启、生命的总体升华。⑤

---

① 张楚廷:《教育论》，湖南教育出版社 2000 年版，转引自辛继湘《教学价值的生命视界》，湖南师范大学出版社 2006 年版，第 120 页。

② 李建华:《道德情感论——当代中国道德建设的一种视角》北京大学出版社 2011 年版，第 91 页。

③ 汪刘生:《论教学意境》，《课程·教材·教法》1999 年第 12 期。

④ 邹进:《现代德国文化教育学》，山西教育出版社 1992 年版，第 190 页。

⑤ 辛继湘:《教学价值的生命视界》，湖南师范大学出版社 2006 年版，第 115—124 页。

2. 通过科学课程建设，加强人文教育

科学是人探求未知的认识活动，它的规律、结构以及表达，不仅取决于所发现的现实的特性，而且取决于意志、情感与信念，它的整个过程都洋溢着人性的光彩。正如乔治·萨顿所说："无论科学可能会变得多么抽象，它的起源和发展本质都是人性的。每一个科学的结果都是人性的果实，都是对它的价值的一次证实。科学家的努力所揭示出来的宇宙的那种难以想象的无限性不仅在纯物质方面没有使人变得渺小些，反而给人的生命和思想以一种再深邃的意义。"① 人们在科学活动中所表现出来的科学精神在本质上是人文精神的重要组成部分，它是属于人文精神的，是人文精神在科学领域的表现。"一部数学史，一部物理学史，一部化学史……我们可以从中看出五光十色的定理、定律、原理、公式……然而，也可以从中看到绚丽灿烂的人类精神。"② 因此，"一旦科学教育不只是向学生传递科学知识，而且还将凝结在科学过程和成果上的精神也传递给学生时，科学教育就能起到人文教育的作用"③，科学中有人文精神，科学课程能够培植人文精神。

科学课程中的人文教育内容主要表现为以下几点。一是求真精神。在科学课程中有大量的科学概念、定律、公式以及原理，它们都具有显著的客观性和严谨性。科学实验必须以事实为基础，不能凭想象随意描绘，这些都有助于学生求真精神的培养。二是坚忍不拔的奋斗精神。正是由于前人在探索真理时的不懈奋斗，才有了今天内容丰富的科学课程。无论是物理学、化学、数学、生物学还是天文学等，都经历过无数曲折，它们都是在一代又一代学者锲而不舍的努力下，才有了今天的辉煌成果。当学生在学习的时候，这些奋斗精神会对他们产生很强的教育作用。比如：焦耳在 40 年中，做了 400 多次实验，用各种不同的方法测定了热功当量；法拉第历尽 10 年的探索发现了电磁感应现象；居里夫妇历尽千难万苦提炼出放射性元素镭……这些内容能让学生领略到人类在困难和失败面前坚持不懈的奋斗精神。三是审美品格。科学课程的内容，有一种反映客观物质世

---

① [美] 乔治·萨顿：《科学史和新人文主义》，陈恒六译，华夏出版社 1989 年版，第 49 页。

② 张楚廷：《素质：中国教育的沉思》，华中科技大学出版社 2001 年版，第 152 页。

③ 同上。

界的本来面目,揭示事物运行规律的美——科学美。这种美是大自然的作品,同时也是科学家精心"创作"的作品。数学世界中奇特美妙的数形变化、物理世界中精彩纷呈的物质运动、化学世界里奇幻无比的化学反应、地理世界中千奇百怪的自然景观,无不给人以美的感受。① 20世纪的伟大科学理论——相对论,就是爱因斯坦追寻科学美的结果。爱因斯坦认为,把人们引向科学的最强烈的动机,就是人们总想以最适当的方式来画一幅完美统一的世界图像。学生在学习爱因斯坦等科学家创造出来的科学理论的时候,不仅能增长知识,而且能受到科学审美精神的熏陶。四是伦理品质(诚实、谦逊、团结协作、社会责任感、无私的奉献精神等)。诚实,在科学课程内容中,一方面,科学知识本身的客观性有利于学生养成诚实的品德;另一方面,创造科学知识的科学家的诚实品德能对学生起到鲜明生动的示范作用。谦逊是一种美德,科学课程内容有助于培养这一美德。有许多取得非凡成就的优秀科学家都是十分谦逊的,比如牛顿、富兰克林、居里夫人等,虽然在科学上功勋卓著,却淡泊名利、虚怀若谷,他们为学生树立了光辉的典范。现代学科一方面越来越细化,另一方面又越来越整体化。要解决一些跨学科的比较复杂的问题,必须有来自不同学科、专业的人协同合作。在实验课中,学生必须相互配合,才能得到精确的结果。因此,科学课程内容在一定程度上能够强化学生团结协作的意识,促进这一品德的形成。科学课程内容还有助于培养学生的社会责任感。学生通过科学课程的有关内容,可以了解科学研究成果既能造福社会,推动社会发展,也有可能产生负面影响,给人类社会带来灾难。越来越多的科学家意识到,科学与社会密切相关,科学家不能无视科学的发现和发明给社会带来的危害,必须要承担起对社会的责任。科学家的言行对学生形成高度的责任感具有潜移默化的作用。科学探索活动能使人进入忘我的境界,而这种忘我境界的升华便是无私的奉献精神,大凡真正的科学家都具有这种精神。为了探索真理,他们不怕千难万苦,不计个人得失,不惜以身殉职。他们视名利地位如尘土,只关心探索真理和利用真理性的知识为社会造福。我们不能用科学家的标准要求学生,但可以为他们将来成为一名高尚的、具有奉献精神的人打下基础。②

---

① 辛继湘:《教学价值的生命视界》,湖南师范大学出版社2006年版,第142页。
② 同上书,第129—150页。

教师是课程实施过程中最直接的参与者，教师在授课的过程中注入生命情愫，融入教师的个人智慧，将会取得更好的效果。德国量子力学的创始人马克斯·帕兰克，中学时期喜欢音乐、物理和古代语言，他确定不了选哪个作为自己的专业。听过物理老师关于能量守恒定律的课后，他下定决心走上了物理学的探求之道。物理老师米勒先生是这样讲述能量守恒定律的：有一次，一个工匠拿了个砖头盖房子，似乎这块砖头的能量消失了，其实没有，能量仍然存在，也许过上几十年，经过风吹雨打，这块砖掉下来，很不幸，砸在一个过路人的头上，它的能量释放出来了，只是能量的形态发生了变化，从势能转变成动能，这动能把人砸伤了。帕兰克说老师的讲述给他留下了很深的印象，从此，他决心选择物理学，因为在他看来，物理知识与生活的关联非常密切，物理学对于宇宙世界是很重要的。后来，他发现了量子，获得了诺贝尔奖。一个小故事，对学生的人生产生了重要的影响，可以说，帕兰克的成就与他的物理老师不无关联，而米勒先生对他的影响莫过于其人生方向的确立。帕兰克的物理老师能将"纯粹""客观"的科学知识，以人文故事的方式，将自己的"力"巧妙地揉进教材，"当教师不是机械地重复教学内容，而是将自己的'力'加进了教材时，教育活动对他便不再是被动的、外在的，而正是教师本性力量的流露"①，教师本性力量成就了教师自身，也影响乃至改变了学生的一生。

(二) 通过教师，加强人文教育

为了真正全面深入地树立人文教育理念，我们首先必须破除旧的教育理念。破除陈旧片面的教育理念，全面树立新的、科学的人文教育理念。当前，教育理论界已经有了人文教育的热切呼声，但还需要教育理论界在人文教育的研究上形成比较广泛和普遍的共识，研究工作还需要进行重点转移和各方面的深化、具体化。学校要在彻底转变、更新教育理念的基础上，彻底、全面地贯彻人文教育的方针政策，在各个方面进行科学、彻底、系统的改革。作为教师层面，应该坚定地贯彻人文教育，加强巩固人文教育的理念、方针、政策，把这一指导理念切实贯彻到工作中去。作为教师必须从以下几个方面做出努力。

---

① 刘次林：《幸福教育论》，南京师范大学出版社1999年版，第195页。

1. 教师要具有广博的人文素养

《礼记》中说:"善歌者,使人继其声;善教者,使人继其志。"苏联教育家霍姆林斯基说:"形象地说学校好比一种精致的乐器,它奏出一种人的和谐的旋律,使之影响到一个学生的心灵——要奏出这样的旋律,必须把乐器的音调准,而这种乐器是靠教师、教育者的人格来调音的。"教师人格的教育力量是不容忽视的。因此,提高学生的文化素质,首先要提高教师的人文素养。①

人文精神是现代教师人文素养的核心要素。现代教师的人文精神应该包括下面几方面的内容。(1)具有强烈的教育使命感和责任心。"真正的教育不仅应该具有效率和效益,更重要的是要具有灵魂,具有坚定而明确的价值追求。使命与责任赋予教育以高度和灵魂。没有使命感的教育是盲目的,没有责任担当的教育是轻薄的。"② 我们的国家与民族正处于历史发展的重要机遇期,新一代能否成长为有道德、有尊严、有能力的人,要靠我们的教育,教师应该具有强烈的教育使命感和责任心,肩负起历史的重担。(2)对教育信念的不懈追求。"教育不是简单的操作性行为,而更是基于信念的事业……没有教育信念的教师绝不可能成为好的教育者。而教育信念确立的基石就是对于理想社会和理想人生的祈望。"③ 是的,我们不能脱离现实、不能遮蔽现实,不能抛开"实然"空谈"应然"。但是,拥有教育的理想才能立足现实、改造现实,而不会在现实面前裹足不前。(3)积极维护教育的公平。教育是实现社会公平与正义的重要途径,在教学活动中,面对不同出身、不同智力、不同相貌的学生,教师应该一视同仁,平等对待。(4)以学生生存和发展为本。作为有意识的存在物,人的生存不同于动物,人不仅生存而且还要更好地生存,即人在生存的基础上还要发展。④ 以学生的生存为本,就是要提升学生的生存质量,让学生在学校愉悦地生活,并为将来能够幸福地生活打下基础。以学生的发展为本,就是要是学生的主体意识得到最大的张扬,对教育享有选择权,包

---

① 李荣新:《关于加强人文素质教育的几点认识》,《哈尔滨金融高等专科学校学报》2005年第3期。
② 肖川:《教育的使命与责任》,岳麓书社2007年版,第355页。
③ 同上书,第31页。
④ 王德军:《生存价值观探析》,社会科学文献出版社2008年版,第10页。

括学习方式与学习时间等。(5) 以宽容之心善待学生。所谓宽容，就是对待异己的观念和信仰持公正、理解的态度，在不妨碍他人的前提下，容许别人自由地行动和独立思考。① 教育不仅需要提高技术、效率，它更是有温度的。教师要以宽容之心对待学生，宽容学生在学识、品行上的暂时的失误或错误，理解、帮助学生，鼓励或肯定学生独立的见解，以心对心去滋润学生的心田，使所有的学生都能感到自身生命存在的价值。

2. 教师要注重自身的示范作用

教师是学生敬慕的偶像和效法的标杆。教师通过言传和身教两种手段，对学生人文素质的养成发挥设计和疏导作用，产生思想和行为影响。

要使学生接受学术化、价值化、系统化的人文素质教育，需要教师从培养目标和规格上指明方向，从课堂和活动的结构与内容上引领发展路径。教师在课程指导、课堂讲授、课外辅导中的言传，对此负有极大的责任。就教师言传的功效来说，在大多数学生的心目中，教师的看法就是准则，教师的思想就是真理。教师的价值观念和人文修养将复制给学生。如果教师认为专业教育比人文素质教育有用，即使事实不是如此，学生也不会在人文素质中投入应有的时间和精力；哪怕某个课程很有意义，如果教师说这门课程不值得学，学生就不会去选它。教师对课程价值的判断必然影响学生的好恶和取舍，特别是对于学生优良人文素质的养成，教师准确的言传，是起决定性作用的。因此，教师必须对学生优良人文素质的养成树立高度的责任感。不论是专业课程教师，还是人文课程教师，都要真正担负起教书育人的职责，要帮助学生正确选择课程学习和课外活动，要在课程讲授中帮助学生了解和把握正确的学术方向，要帮助学生把握是非原则，使他们的人文素质朝着正确的方向发展。

教师的治学态度、教学水平、处世行为直接影响到学生。教师要求严格，学生就不会马虎；教师遵守规范，学生就会约束自己；教师不拘小节，学生就毫不在乎；教师没有是非，学生也会不讲原则。对社会的改革和发展，对学校的管理和建设以及对学生的进步和成长，教师采取什么样的态度，采取什么样的表现形式，势必对学生的态度和行为选择产生影响。因此，教师应该高度重视自己在学生面前的言谈举止，用严格的态度、严谨的作风、严密的方式从事教育和培养工作，以高尚的人格力量感

---

① 朱家存：《宽容：主体性教育的又一目标》，《教育研究与实验》2001年第3期。

染学生，使其学会做人。

3. 建立教师长期培养机制

各学校应当积极建立和完善教师长期培养机制，树立发展的、动态的人才观，尤其是把青年教师和中年教师作为未来大师级教育家加以培养，设计规划教师思想政治素质、职业道德素质、教育科学素质、教学综合水平的全面、长期培养方案和完善的进修制度，为高素质教育人才、优秀教师的成长提供更多的培养机会和广阔的发展空间，这是对人文素质教育工作可持续开展的长远规划和储备。

二 明确教育要融入生活

生活是个平常而又复杂的概念，它有多个方面，既包括现实生活，也包括理想中的可能生活。无论哪种生活形态，生活都是人的生命的存在形式，人在生活中形成和发展。

生活既是教育的出发点，也是教育目的指向的地方。19世纪英国教育家斯宾塞在《什么知识最有价值》中说道："为我们完美的生活做好准备，乃是教育所应完成的功能。"[1] 对于道德教育来说也是如此，道德教育要融入生活，生活是道德教育的起点，道德教育是儿童生活发展的推进器。

如果我们回溯道德教育的历史，便会发现人类最初的道德教育是与生活密切相关的。道德的生成源于生活中的经验、感受、体验和意义的不断生成。人是生活的主体，德育不应限于道德知识的传授和行为训练，而在于心灵感应后外化为行为，而这只能通过生活情境（包括信息生活情境）产生。因此，德育应建立在生活起点上。美国哲学家丹尼特认为，德育有吊车型与举重机型的两种思维方式：前者是立足于高处往上拔高；后者是立足于低处向上推举，甚至可低到把人看成动物后一步一步往上推。两条路殊途同归，但过程不一样。吊车型思路做起来往往不很通畅，要打通很多隔阂与关节，做不到贯彻上下；而后者从低到高，往往更通畅有效。这一比喻十分形象！为避免道德教育与生活世界的剥离，道德教育应该重返生活世界，引导青少年学会做人、学会生活。这是未来青少年道德教育的

---

[1] 转引自《注重与现实生活联系》，百度文库 http://wenku.baidu.com/view/6b7bead826fff705cc170a67.html。

国际指向。德育应转向社会生产实践,从课堂转向生活,从知识传授转向社会活动,变静态书本知识讲解为生活道德问题的指导,注重适应生活变化的能力,注重培养青少年的道德思维能力、判断能力与实践能力。①

关注学生个体生命自由成长的生命道德教育,必须在生活世界中进行。走向生活世界的教育,具体表现如下。

首先,要确立"为生活的教育"目的观。生活是生命之根,是人们的安身立命之所。关注生命的教育,必须是"入根"的教育,是一种服务于人的生活建构的活动。为生活的教育,并不如同斯宾塞所言的"为未来生活作准备",放弃现实的生活,甚至以牺牲现实生活的幸福来追求未来的生活。因此,生命道德教育要注意选取生活化内容,尽显生活内容的广泛和丰富,尽显生活的自由、自主和创造。强调从学生日常生活中的所思所想、所感所悟、所欲所求中去捕捉、提取教育资源。那种离开学生生活世界的空洞的、虚无的教育是收不到成效的。道德教育只有回归到生活世界,我们的学生才会重新拥有朝气蓬勃的生命。没有生活土壤的道德教育,剥夺了学生的生命体验,只能使鲜活的生命日趋萎缩。如果学生不会在生活中学会体验、在生活中学会理解、在生活中学会交往、在生活中学会创造,那么,这样的人必定不能获得人生的真谛。

其次,教育要回归生活,实现和生活的整合。生活与教育的脱离是双向的,一方面教育脱离了生活,缺乏生活的韵味;另一方面,生活也脱离了教育,缺乏教育的意义。所以,教育和生活的整合也必须是双向的。我们需要在教育过程中引导学生关注现实生活,走进生活世界。学生自己也要积极主动地学会在生活中发现,在生活中践行。教育作为一种人类的生存方式,是属于"生活世界"的,它的功能不仅仅在于"文化复制",而且还在于确立"社会秩序"和个人价值,并通过交往帮助学生建构社会角色,从而体现出强烈的生命意义,推动着人的价值生命的实现。法国大文学家雨果曾经说过:"人有了物质才能生存,人有了理想才谈得上生活。你要了解生存和生活的不同吗?动物生存,而人则生活。"② 的确如此,人不仅要学会怎么活,即生存,还要思考为什么活着,以及怎样更好地活着。这就需要教育者善于引导,积极创设生活化情境,营造生活化的

---

① 朱银端:《网络道德教育》,科学社会文献出版社2007年版,第22页。
② 《雨果谈理想》,《人民论坛》1997年第7期。

氛围，善于利用生活中的典型事例对学生进行解说、分析，并允许学生自由地表达其想法，对有争议的热门话题进行讨论、辩论等。学生也要主动结合自己的生活实践，进行价值判断，自觉地约束调整自己的言行，并做到言行一致，不自伤也不伤害他人生命，学会尊重和体谅。

再次，教育要改善生活，引导人们追求美好的生活。生活是当下的，是实在的。人的生活不同于动物，人的生活具有意义性。意义是自己对生活的感悟，它需要自己建构。生活的过程也是意义建构的过程，或者说是创造可能生活的过程。教育根植于生活，并不是复制日常的、当下的生活。教育具有超越性，教育对人生意义的关怀，决定了教育必须超越当下的现实的生活，引导学生去反思当下生活、改善当下生活，追求美好的、可能的生活，这才是教育的真正目的。

三 教育理念要注重生命个性

首先，教育理念要尊重个体的独特性并且适应个体之间存在的差异。对每一个人来说，生命都是独特的，因而也是有差异的。这些差异，有的看起来比较明显，有的比较隐晦；有的差异可能是暂时的，有的却是永久的。但无论是什么样的差异，教育都必须根据差异来进行。"在过去的世纪中，教育的最大错误是，假定全体儿童是没有差异的同一体，而以同一方式教授同一学科般地对待全体儿童。"[①] 这是传统教育"目中无人"的表现。人的生命的独特性表现为每一个个体具有不可重复、不可置换、不可模拟等特性。"你""我""他"作为整体的人总是独特的、不可替代的，他们可能具有某种相通或相同，但他们每个个体是独一无二的。现实中没有抽象的个体，而只有具体的、不可简单规定、不能被标准化的活生生的人。但是，我们经常忘记：生命只有作为我们自己的生命才能成为真正的生命，也常常把自己的生命意志强加给别的生命，使别的生命失去自己的独特性。

生命的独特性表现为同一年龄段的儿童尽管年龄相同，但认知、情感、性格气质等各不相同，这似乎是再也明朗不过的道理，但我们却有意无意地忽略了。我们总是用统一的标准要求、对待不同的儿童。与其说加德纳多元智力理论的贡献是发现了智力的多种类型，还不如说是对儿童独

[①] 冯建军等：《生命化教育》，教育科学出版社2007年版，第43页。

特性的一份尊重。这一理论的着眼点是：学生与生俱来就不相同，他们的心理倾向与智力不完全相同，而且各有各的智力强项，有自己的学习习惯。如果教师能够认真地对待这些差异，用最大限度的个别化方式进行教学，那么教学就会产生良好的效果。

其次，教育理念要增强教育的差异性，在教育过程中体现学生的自主选择性。生命的独特性要求教育必须适合每一个学生，但这里的"适合"并不是要废除班级授课这样的集体教育形式，而回到古代的那种个别教学。为了满足学生发展的不同需求，在集体教育中我们着重强调发挥学生的自主选择性，使教育出现差异和分化。什么是自主性？自主性是指在特定条件下，个人对他自己的活动所拥有的控制及支配的能力和权力。具有自主性的人是客观环境的控制者和支配者，是自己活动的主人，他们不会盲目地受客观环境的影响，也不会盲目地顺从他人的意志，而能以自己的意识和思维支配自己的行动。当然，自主不是放弃教师的引导，更不是取消教师、盲目的自主。

再次，教育理念要依据生命个体的独特性，实施特色化的教育。发现学生的潜能是教育的根本任务，发展学生的个性，使一个人成为真正的人，成为他自己，成为一个不可替代的独特的生命。生命道德教育关注"人"，但我们不是泛泛地谈"人"，抽象地谈"人"，或谈论一个"抽象的人"，它有肉体、有需要、有情感、有个性、有理性，还有脾气。但我们以往的教育理论，缺失的恰恰就是这种"具体的人"[①]。生命道德教育要实现由"抽象的人"向"具体的人"的转换，要求教育者能真正做到"目中有人"，尊重每一个个体生命的发展。人生命的潜能是全面的，但并不是说潜能发展就是平均发展，因为每个人在全面发展的基础上，都具有独特的优势，使个体的生命显现出差异性。教育应该"扬长避短"，发现学生的强项，将其作为发展源泉的"制高点"，在对大量的、丰富的教育资源选择的基础上，通过有针对性的、特色化的、有目的教育，努力挖掘每个学生的巨大潜力，使其优势潜能得到最优化和最大化的发展。

生命道德教育"应当促进每个人的全面发展，即身心、智力、敏感性、审美意识、个人责任感、精神价值等方面的发展，应该使每个人尤其借助于青年时代所受的教育，能够形成一种独立自主的、富有评判精神的

---

① 叶澜：《教育创新呼唤"具体个人"意识》，《中国社会科学》2003年第1期。

思想意识。以及培养自己的判断能力,以便由他自己确定在人生的各种不同的情况下他认为应该做的事情"①。

第二节 对于教育客体应采取的相关对策

一 援助客体的手段

(一) 借助生命体验

体验,《现代汉语词典》解释为:通过实践来认识周围的事物;亲身经历。体验,是一种认识人的精神世界的方式,是进入生命的唯一通道,是一种"内在于人的身体并改变人的身体存在形态的经验"②。冯建军在《生命与教育》中说:"体验使我们融入其中,感受生命的艰辛和欢愉。只有体验的东西,才能内在于生命之中,融化为生命的一部分。"③ 生命需要体验,只有个体的用心体验,才能感受到生命的真实与活力。要真正懂得生命的意义,关键在于人们的情感和感悟,而这些只有通过体验才能获得。

生命体验使生命个体不断超越自我,走向更为广阔的世界。生命是有限的、短暂的,而体验则趋向永恒和无限,是探询和追问生命意义和人生的终极价值的过程。在这个过程中,实现着对自我的不断超越。"人从来不满足于周围的现实,始终渴望打破他的此时—此地—如此存在的界限,不断追求超越环绕他的现实——其中包括他自己的当下自我实现。"④ 人正是在这种永不停息的超越中生存。

生命体验用一种内在方式使生命个体不断地打破原有的平静和单调,而重新获得完整的世界,这是一个创造的过程,也是个体实现超越的主要途径。正是它,提醒着人类既不"逐物"也不"迷己",回到人的自然,回到物之为物的物性和人之为人的人性。存在主义哲学家雅斯贝尔斯认

---

① 国际 21 世纪教育委员会:《教育——财富蕴藏其中》,教育科学出版社 1996 年版,第 85 页。
② 孙利天:《21 世纪哲学:体验的时代?》,《新华文摘》2001 年第 7 期。
③ 冯建军:《生命与教育》,教育科学出版社 2004 年版,第 187 页。
④ [德] 马克思·舍勒:《人在宇宙中的位置》,陈泽环译,上海译文出版社 1989 年版,第 43 页。

为:"要成为完整的人,全在于自身的不懈努力和对自身的不断超越,并取决于日常生活的指向、生命的每一瞬间和来自灵魂的冲动。"① 每一次的体验都是一次生命的精神冒险,都是在静听内心细微的声音。在它的作用和引导下,自主地选择自己的前进道路。因此,可以说体验是对自己丰满人性的创造、对自己独特个性的创造、对可能生活的创造。生命通过体验感知自我、认知他人、解读生活;生命通过体验获得意义、升华情感、净化灵魂,生成新的生命感悟。体验到生命的可贵与美好,人就会更加热爱生命,并使生命表现出最大的意义。比如,成功体验。成功,是每个人追求的目标。成功体验意在发现自己身上的闪光点,即社会学所说的正强化法。可以是对以往成功经验的体验,感受自己的价值,暗示"我能行""我不错",强化对自己的认同,并认为现在和将来自己也能成功,即"我还是能行""我还是能够"。个体的生命体验不仅有愉悦、幸福的人生体验,还有生活中的重要丧失、挫折、苦难甚至死亡的威胁。这些负面体验并不都是有害的。人会在面对苦难和死亡,体验生活的失意中体会到生命的脆弱和不可逆转,进而敬畏生命。

需要指出的是,体验人生,这几个地方不容忽视。一是医院。应该去医院的妇产科、手术室、急救室,去体验一下等待生命降生的人和生命救治的人们的忐忑之情,去癌症科看看癌症病人及其家属对生命的渴望之情。也可以通过视频体验。北京市海淀区阜成路中学在全校校会上播放了该校一位初中男生在假期征得一产妇同意后,自拍的 DV 短片——《懂你,母亲》。该片用镜头记录了该产妇接受剖腹产的全过程,真实场景的再现,给同学们极大的视觉冲击和巨大的心灵震颤,激发起同学对母亲的爱与万分感激之情,并意识到自己的生命来之不易,必须予以珍惜。②

二是监狱。监狱是个特殊的地方,犯罪的人在那里等待法律的审判或接受法律的制裁,他们失去了很多东西:家庭、工作、爱情……尤其是宝贵的自由。大多数的罪犯都是因为一念之差、一时冲动而一失足成千古恨,他们最大的希望就是重新获得自由。可以说,监狱对于人们来说,最大的启示在于:生命是宝贵的,自由也是宝贵的。在人生的这条单行道

---

① [德] 雅斯贝尔斯:《什么是教育》,邹进译,生活·读书·新知三联书店1991年版,第1页。

② 王晓虹:《生命教育论纲》,知识产权出版社2009年版,第79页。

上，一定要做出正确的选择，人生的选择过程也就是人与生命、人与困难作斗争的过程，千万不能轻率，也不能意气用事，否则追悔莫及，害人害己。

三是殡仪馆。海口景山学校高一（6）班的同学在海口殡仪馆举行"关爱生命、健康成长"为主题的班会，同学们"屏住呼吸、瞪大眼睛，静听讲解"。虽然我们每个人都不能亲身去体验和经历死亡，但是，"在他人的死亡中体验死亡，在自己的病痛中即部分地死亡中体验死亡，在花开花落、潮生潮灭、云聚云散的一切自然物的消逝中体验死亡，这样做即使仍无助于最终揭开死亡之谜，但这种我思我在将大大开辟自我认识的精神空间，强化自己与自身、与他人、与万物的融通，培养人的悲悯情怀，使人博大仁慈，不就是思考死亡的预想收获"？[①]

有体验的或有反省的人生本身就是有深度的、有质量的。人们在生命体验中，"体验到自己作为一个具有个性的存在而带给周围世界与他人的欢乐，因自己的存在而丰富了大自然之生物多样性的安宁感、和谐感、满足感和幸福感。这时，你的存在时空获得了巨大的、无限的延伸。对自己的存在意义获得了空前的领悟，体验到自己是作为自己而存在的"[②]。当然，进行生死体验要在适度的范围内，防止走向极端。

（二）借助生命叙事

叙事就是讲故事。"故事是关于人类生命的一种记忆和创造，它是人存在的一种方式，它呈现的是关于事件的一个相对完整的发展过程。故事与叙述共生同在。通过叙述，一系列事件以某种特别的方式被塑形，包括对事件的回忆和想象、关于事件细节的描述和创造性虚拟、关于事件的可能性情境的再现和表现等，人类在故事中求得对世界的解释，表达自身对世界的经验，又经由故事去理解、规范和建构世界以及人类自身的存在。在叙事中，一切都被安排在一个追求某种特定价值的生活历程的大框架之中，一切意义由此得到说明，'叙事的过程实质上也是价值传递过程'。"[③] "生命叙事是一种特指的叙事，即指叙事主体表达自己的生命故事。而生

[①] 夏中义主编：《大学人文读本·人与自我》，广西师范大学出版社2002年版，第350页。
[②] 刘惊铎：《道德体验论》，人民教育出版社2003年版，第175页。
[③] 陈飞：《生命叙事：一种值得运用的道德教育实践策略》，《现代大学教育》2008年第2期。

命故事是指叙事主体在生命成长中所形成的对生活和生命的感受、经验、体验和追求，它包括叙事主体自己的生命经历、生活经验、生命体验和生命追求和自己对他人的生命经历、经验、体验与追求的感悟等。"① 生命叙事既属于叙事范畴，又不同于一般叙事。也就是说，并非任何形式的叙事都属于生命叙事的范畴，它的构成是具有特定条件的，通常表现为自我性、日常生活性、生成性特征。生命叙事有助于个体生命情绪、情感的调节。在生命叙事的过程中，生命主体来自生活中的内心感受能够得以宣泄，消除负向情绪情感，建立正向的情绪情感，从而使压力得到缓冲，内心获得平衡；生命叙事有助于人际关系的建立。生命叙事是讲自己的生命故事，所以，当一个人能将自己的生命故事讲给他人时，就体现了对他人的信任。在叙事的过程中，双方获得彼此了解，形成一种温暖的气氛，摆脱孤独，增强自信；生命叙事有助于个体生命的自我认识与成长。生命叙事的过程是自己理解自己的过程，是将自己的愿望和需要清晰化的过程，是对自己生活状态评析的过程，也是过去生活经验的现时体验，并形成新生活或新事情的意向性过程。② 在叙事的过程中，一个人的生命经验不但得到了呈现、交流，而且获得了反思、深化与扩大，因此，生命叙事不仅有助于个体生命的自我认识，而且有助于个体生命的健康成长。③

生命叙事中蕴含着促进个体生命道德潜能实现的功效，其本身既是挖掘个体生命道德教育资源的过程，也是一种道德教育的过程。借助生命叙事进行生命道德教育要注意两个方面。

一是参与者。参与者是平等的，不分高低贵贱。生命叙事不分"教育者"与"被教育者"，参与生命叙事的人都是自愿的，无论是讲故事的人，还是听故事的人，都是平等的。这样有利于对话的通畅，内心的交流，有利于真情实感与生命体验的表达。

二是故事内容的选择。生命故事本身没有所谓的好坏之分，对生命叙事不作价值判断。因为生命故事来自人们的亲身体验，表达的是人们对自己以及他人生命故事的感悟，而这一切都是人生的宝贵经验，人们会自觉不自觉地衡量自己的道德水平，从而修正自己内心的道德准则。

---

① 刘慧、朱小蔓：《生命叙事与道德教育资源的开发》，《上海教育科研》2003 年第 8 期。
② 刘慧：《生命德育论》，人民教育出版社 2005 年版，第 249 页。
③ 刘慧、朱小蔓：《生命叙事与道德教育资源的开发》，《上海教育科研》2003 年第 8 期。

正如朱小蔓教授所说的:"生命叙事是道德教育的主要存在方式之一,那些诱发生命感动的生命故事,激活、生成或满足说者与听者的道德需要,并改变着他们的生命感觉,使得一个被动的、自发的生命成为一个主动的、自觉的生命,并逐渐成为优质自己。"①

(三) 提高道德自律能力

多样化的世界,各种不同的价值观念以及人生理想和生活方式对人们的道德选择能力提出了更高的要求,也对人们的自律意识提出了新的挑战,自律能力的提高就显得非常必要。

所谓自律,与他律相对,是指根据自己的道德价值观和道德思维,为自己立法,并按自己的意志和立法去行动;道德自律能力,指道德选择和行为是依据通过作为道德活动的主体的人理性思考后选择的道德原则自愿做出的,它可以表述为道德上的"三自能力",即自立、自行、自控能力。② 道德自律能力是道德生成的内在品质,马克思说过:"道德的基础是人类精神的自律";道德自律能力是道德他律的效用基础,道德他律对行为者的影响效果,依行为者的道德自律能力而定;道德自律能力是一切道德能力之总和,道德修养和建设的关键就在于提升道德自律能力。自律作为社会道德的内化或个性化,在生命道德建设中极其重要,因为自律包含了社会成员个体对个人自身价值、个人与他人、个人与集体、个人与社会的关系的认识和体验,并将这种认识和体验转化成自身内在的行为准则和价值目标。

培养道德自律能力是一种个人自我教育、磨炼的道德活动。自律能力的养成经历由低到高的三个阶段:第一个阶段是合乎道德的自觉阶段,行为者要进行自我控制,才能约束自己去实施道德行为,从而真正实现道德自律。第二个阶段是出乎道德的自主阶段。这个阶段的道德自律,是出乎道德本身而直接实施的,行为者对道德法则无比敬重,道德已获得绝对支配的自主地位。第三个阶段是本乎生活的自由阶段。这个阶段的道德自律,是由道德人格自由实现的。具备了这种完美的道德人格,也就涵养成了道德之人,道德自律成为他的真实生活,也就达到了孔子所说的"从

---

① 朱小蔓主编:《当代德育新理论丛书》序,人民教育出版社 2005 年版,转引自邓小燕《生命叙事:魅力道德教育的呼唤》,《科技信息》2008 年第 30 期。
② 曹华:《论学生自律能力的培养》,《高校社科动态》2007 年第 3 期。

心所欲不逾矩",这是道德自律发展的最后旅程,也是道德自律所应达到的境界。① 培养道德自律能力要通过以下途径。

一是提升生命道德认知水平。道德认知是人们对社会道德现象、规范系统的认识,对道德范畴、原则、规范的价值和需要的理解,以及对人们的行为能根据社会道德的要求作出判断和评价。道德认知是道德内化和道德行为的先导,起着理性指导作用,它是促使道德信念形成的认识基础,是自律道德的导向性机制。一个道德认知水平低的人不可能自发地产生自律行为。② 培养人们的自律能力,首先应提升他们的生命道德认知水平,这是自律道德的基础。

二是构建生命道德教育的"自育"模式。生命道德教育的"自育"模式能够有效地提高人们的自律能力。生命道德教育的"自育"就是在生命道德教育的实施过程中培养教育对象自主选择、自我控制、自主评价以及自主发展的能力,发掘教育对象的主体潜能,使教育对象成为认识活动及道德实践活动的主体,通过研究他们的身心发展特点、精神需求和品德形成的规律,从而确定生命道德教育的内容和途径,在参与生命道德教育的过程中,通过开发教育对象自我管理的主动性和创造性,将"他律"变为"自律"。毛泽东同志曾经说过:"外因是事物变化的条件,内因是事物变化的根本,外因通过内因而起作用。"③ 在实践中,我们必须使外部教育与内部教育的作用得以充分发挥,引导教育对象把他律变为自律,培养他们自立、自强、自教以及自理等自我教育习惯。当受教育者的自我认识、自我控制以及自我激励等能力得到充分发挥,使外部教育变为受教育者个体的内部自觉行动,教育就能取得最佳效果。

慎独,是一种高境界的自律。《礼记·中庸》写道:"道也者,不可须臾离也,可离非道也。是故君子戒慎乎其所不睹,恐惧乎其所不闻。莫见乎隐,莫显乎微,故君子慎其独也。"也就是说,人们在道德自律的过程中,要把对自己的严格要求扩充到人所"不睹"之处;要把唯恐失德的心理扩充到所"不闻"之域。不要在暗地里做不道德的事情,也不要

---

① 黄显中:《道德自律与涵养》,《光明日报》2011年9月6日。
② 余国政:《基于道德教育大学生自律能力的培养》,《湖南科技学院学报》2008年第3期。
③ 《毛泽东选集》第1卷,人民出版社1991年版,第302页。

在细小的事情上违背道德,君子在独处时要自觉约束自己。如果一个人能在没人注意时不虐待动物、掐花摘草;如果一个人能在没人注意时,不浪费饭菜、节约水电;如果一个人能在没人注意时,面对别人的伤痛不漠然视之而伸以援手……这样的人我们认为他已基本到达了"自律"的层面,他已具备了一定的道德素养。

道德自律能力为道德自律行为之本,道德自律的行为养成道德自律的习惯,道德自律的习惯形成道德自律的生活,道德自律的生活化成道德建设的社会资本。① 提高道德自律能力,我们绝不能等闲视之。

(四) 倡导终身学习

生活本身是一个持续不断的学习过程,个人应该具备足够的应变能力来适应社会的变迁。同时使个人的潜能得到发挥,扩展生命的价值和意义,实现向完美人生的无限接近。生命是一种对自我发展、自我实现的探索与追求过程,这个过程伴着生命的展开而起航,随着生命的终结而停止。而学习作为一种始于生命而又终于生命的活动,是一种直面生命并以提高生命的质量为目标的活动。终身学习是通向生命完善的桥梁,为了完善生命,实现生命的自我发展,必须做到终身学习。

一是通过终身学习,关爱和敬畏生命。学习与教育是基于生命、通过生命、为了生命的一种活动。培养人在生活中发现美的能力,让他们体味到生命的乐趣,形成独立的、丰富多彩的个性。生命就是生物体孕育、出生、成长、衰老、死亡的全过程,而人生则表现为人的生命在逐渐产生并完善的精神的支配下存活及逝去的过程。通过终身学习,加深对生命构成及本质的认识,达到"认识生命、珍视生命、尊重生命、关爱生命"的目的,关切自身生存的价值和意义。真正地体味生命之真、生命之美,树立起追求人生幸福的信念,使人树立正确的生死观,珍惜生命的存在。

二是通过终身学习,实现生命自主性。人们追求生命自主性,希望能依据自身的生理条件和心理条件,争取实现自身价值,并在这个过程中表现出一种自愿性、自主性的活动能力,证明自身的主体地位,展现自己的能力、权利和责任。就生命的自主性而言,其体现的是意志的自由和个人的主观意识。虽然生命自主是主体——人的一种能力,而现代社会也越来

---

① 黄显中:《道德自律与涵养》,《光明日报》2011年9月6日。

越尊重个性、尊重个人的意志、尊重个人对自身事务的决定权,但生命主要建立在热爱生命的基础之上。当今日益激烈的社会竞争,让人心理上产生负担,严重的会导致精神抑郁,甚至产生自杀念头。为了消除这种负面意识,就需要我们正确地认识、行使生命自主。因此,现代人需要完善生命,提升自主意识,做到正确认识自己,培养自主选择性的道德人格。

三是通过终身学习,实现社会生命的和谐。终身学习使人逐渐认识到生命的真谛,学会对自我生命的确认、接纳和喜爱,进而理解、肯定和欣赏生命意义,并不断完善着未完成的自我,实现与自己身体机能的和谐、与他人及社会的和谐,并最终向着精神超越努力。

二 教育客体的内容

(一)敬畏生命教育

一个生命就是一个空前绝后的奇迹。对于每一个个体来说,生命都是不可复制的,所以生命伟大而值得敬畏。敬畏生命是一种终极追求,是对人的终极关怀的体现。"生命是世界上最美丽的花朵。地球经过漫长的演变而形成了地球上的生命,地球上的生命经过漫长的演变而形成了人类的生命,男人和女人爱的结合形成了个体的生命。热爱生命,每一个生命都有其特定的意义,每一个生命都值得讴歌;热爱生命,因为它不仅属于你,还属于爱护你的人;爱护一切的生命包括地上长的小草,天空中飞着的蜻蜓……"[①] 而且这应该作为人类社会最基本的法则来遵守。只有深刻认识到尊重生命的意义,才会有对生命的炽热追求,活出人生的滋味和精彩。

首先,要敬畏自己的生命。古人早就提出诸如"君子坐不垂堂""发肤受之父母,不可轻毁"等敬畏生命的主张,以消除人们对自己生命的蔑视,进而避免对他人生命的践踏。在中世纪,西方人大多认为生命虽然是自己的,但却源于上帝之手,给予者(上帝)才能决定是否收回,而拥有者(人自己)则无权对生命是存还是亡任意处置。在古代中国,人们大多认为自我之生命是天地"好生之德"的表现,或是无为自然之"道"的外化,所以,生命虽在"我",但"我"却万万不可随意处置。因此,在中国古代,对死刑的判决可以在任何时候进行,但要行刑则必须

---

① 毕义星:《中小学生生命教育论》,天津教育出版社2006年版,第166页。

等到秋冬季，因为天地的"生"之"德"是春生夏长秋收而冬藏。人间之事必须配"天德"，所以，只能在秋季或冬季处决犯人。这样一些对生命来源神圣性的体会和看法在相当程度上阻止了许多想自杀的人付诸行动。

日本著名思想家池田大作说："最崇高、最尊贵的财宝，除生命外断无他物。"我国著名作家周国平说："每个人在世上都只有活一次的机会，没有任何人能够代替他重新活一次。如果这唯一的一次人生虚度了，也没有任何人能够真正安慰他。"[①] 所以人首先要尊重、珍惜、保护自己的生命，其次再谈生命的意义。只有懂得珍爱自己，才会珍爱他人和生命。对待不珍惜生命的人，可以用这段话引导他："这世界上永远没有一种礼物，可以与生命的礼物相比。因为任何别的礼物送了都可以赚回来，有时甚至还可以获得比原物价值高得多的回报。唯独生命这份礼物是一次性的，送出了就再也无法收回。生命的礼物是极难得到的，当我们幸运地拥有它时，要对世界始终抱有一颗感恩之心，懂得好好使用这份礼物，让用自己的死亡换取你的生存的人不致后悔当初的付出。只有当别人的爱心在你身上得到了延续，当别人的梦想在你的生命中得到了体现，别人送给你的礼物才会显出应有的意义，你的人生才会闪耀出真正的光彩。"[②]

其次，要敬畏他人的生命和大自然的一切生灵。生命，不仅指人的生命，还包括所有的生物。在这个世界上，许多的生命以各自不同的方式存在着。生命无论高贵与卑贱、愚钝与智慧、短暂与长久、健全与残缺，他人都不可侵犯。人与生命的关系也包括人与动物的关系、人与植物的关系、人与整个生态系统的关系。虽然农业文明时代人类征服自然的能力有限，但先哲还是教导人们要适度放生，"网开一面"，以成自然之长。史怀泽说过："人连对动物、植物的生命都要敬畏，难道能不敬畏人的生命吗？"让人痛心的是，最麻木不仁的人，只把自己当作生命来对待，对自己之外的一切，没有感知、体会和理解；更可怕的是为所欲为，对自己之外的一切进行残酷的伤害、破坏和毁灭。泰戈尔曾经说过，我们要培养学生"面对一丛野菊花而怦然心动的情怀"。"如果你在任何地方减缓了人

[①] 周国平：《对自己的人生负责》，《成才之路》第 34 期。
[②] 《生命的礼物》，http://blog.sina.com.cn/s/blog_ 60bf1eaa0100hrs6.html。

或其他生物的痛苦和畏惧,那么你能做的即使较少,也是很多。"① 然而,遗憾的是,很多人对生命没有感觉,不知道生命的价值和生命产生的过程,对死亡也没有概念,因此漠视他人生命价值、残害和剥夺他人生命以及伤害生灵的事情屡屡发生。缺乏对他人生命的尊重,渐渐也就会缺乏对自己生命的尊重。尊重、珍惜他人的生命,就应该在他人生命遭遇困境和险恶需要帮助时,尽自己所能伸出援助之手,甚至不惜一切。只有尊重、珍惜他人的生命,自己的生命才能真正存在。

生命就像一张风光无限的单程车票,朱自清先生在散文《匆匆》中写道:"燕子去了,有再来的时候;杨柳枯了,有再青的时候;桃花谢了,有再开的时候。但是,聪明的,你告诉我,我们的日子为什么一去不复返呢?"对于一去不复返的生命,我们具有什么样的态度非常重要。我们应该引导学生品驻足流连,满怀深情地体味生命的意蕴,努力创造生命的最大价值,在有限的生命中,活出一个有意义、有价值、有诗意的绚丽人生来。②

(二) 死亡教育

死亡是生命的终点,对于每个人来说,死亡都是不可避免的,这是生命所要承受的重负。正是因为生命历程中有死亡的存在,才显示了生命的珍贵。活着,不可能不思考死亡,正是因为人们意识到死亡的必然和生命的短暂,才越发珍惜当下的存在和对生命的珍爱,思考死亡是为了更好地活着。

何谓死亡?这一问题并不简单。死亡的原因有多种,除因疾病而自然死亡外,还有很多非自然的死亡,如战争、灾害、交通事故等,都可能导致人的死亡。人们对死亡有着不同的看法,有关死亡的定义经历了好几次重大的变化。第一个死亡概念出现在 15 世纪左右,人们将其称为"死亡舞蹈"。在这个阶段,死亡被当作一个纵情享受生活的机会,用在坟墓上跳舞来证实生活的欢乐。在文艺复兴时期,这种死亡概念让位给一种认为死亡标志着生命结束和永生开始的概念。第三种死亡概念随着资产阶级的出现而出现,并被恰如其分地称为"资产阶级的死亡"。因为资产阶级负

---

① [德] 阿尔伯特·史怀泽:《敬畏生命》,陈泽环译,上海社会科学出版社1992年版,第23页。

② 刘济良等:《价值观教育》,教育科学出版社2007年版,第76页。

担得起，所以他们开始出钱让医生阻止死亡的发生，医生成为推迟或预防死亡的人。这种概念直到19世纪才成熟，在这个阶段，医生们正式提出了"临床"死亡概念，认为死亡是医生可以辨认的特殊疾病引起的。到了20世纪，这种概念已转化成"自然死亡"概念，人们期望医生采取措施使所有病人免于死亡。实际上，死亡概念已从把死亡看作一种自然事件（不可抗拒）变成把死亡看作一种自然力量（可以避免），看作一种不合时宜的事件，看作特殊疾病造成的结果。因而，社会有义务与其成员一起与死亡作斗争，竭尽全力延长个人的生命。尽管死亡一度被认为是生命过程的一个自然组成部分，但科学技术尤其是医疗技术的飞速发展，使人们开始把死亡看作可以与之做抗衡的不幸事件。由此可见，死亡的概念在过去的几百年里产生了很大的变化，从一种自然的预期事件变为一种非自然的、可不惜一切代价予以避免的事件。但问题出现了，人们对死亡的定义产生了困惑，到了真要给死亡下定义的时候才明白问题远远没有那么简单，人们在死亡定义问题上出现了争议。

20世纪70年代以前，在医学教科书里，死亡被定义为"呼吸和心跳的停止"，"心死亡"这一标准沿袭了好几千年。现代医学的发展使人类的心跳和呼吸都可以通过机械来维持，作为死亡标准的"心死亡"被新的死亡标准——"脑死亡"所代替。1954年，Goulon和Mollaret第一次提出"脑死亡"；1968年，哈佛大学特别委员会发表公告重新界定死亡，死亡被定义为不可逆的昏迷或脑死亡。就在同一年，国际医学科学委员会把死亡界定为"对环境失去一切反应，完全没有发射和肌肉张力；停止自发呼吸；动脉压徒降和脑电图平直"。目前，大多数西方国家通过正式的法律条文，宣布死亡的依据为脑死亡。脑死亡是比较科学的死亡标准，当然，人类对死亡所下的最后结论肯定不会在脑死亡这里就截止了，随着科学的不断发展，人们对死亡的认识肯定会继续深入下去。

从本质上来讲，人的生命不是一重而是多重的，既包括个体的生物性生命，也包括社会性生命、文化性生命以及精神性生命。因此，从哲学视阈出发探讨的死亡主要有两种：一种是肉体死亡；另一种是精神死亡。肉体死亡是指人的肉体的死亡，包括临床死亡和生物性死亡两个阶段；而精神死亡主要是从人类的思想、精神、价值、意义等层面予以考问。无论如何，要促进人类生命的完善和发展，首当其冲要考虑的应该是肉体生命的保存和完善，而探讨死亡问题也必须先着眼于肉体生命的死亡，即在临床医学上所赋予的死亡定义,这是本书死亡教育的着眼点。

长期以来,死亡教育一直处于缺失状态。一是因为中国文化的原因,对于死亡,人们比较忌讳,认为那是不吉利的。家长认为让孩子接触死亡对孩子的成长不利,对此往往采取回避的态度,或者干脆避而不谈。二是学校因为上述原因,视死亡教育为"禁区",致使此类教育无法进行。因此,学生对此没有一个科学、正确的认识,很难理解死亡的真意。对死亡教育的重要性,美国文学家艾略特说过:"死亡教育和性教育是同等重要的大事。"培根强调:"随着死亡而来的东西,比死亡本身更可怕。"那么,究竟什么是死亡教育呢?综合各种已有的死亡教育概念,对其可以做如下定义:死亡教育是面向各种群体,使人们掌握关于死亡的各种知识,科学地认识死亡、了解死亡的本质,树立起合理的心理适应机制,理解生命存在的意义,学会珍惜生命,积极投入当下生活,赋予生命以无限价值的教育活动。[①]

具体来讲,通过死亡教育主要需要掌握以下内容。

首先,要让学生正确认识死亡。认识到生命来之不易,生命需要呵护,生命是宝贵的财富,死亡意味着什么。生命来之不易,即让学生知道每个人来到这个世界上都是非常幸运的;生命需要呵护,即让学生懂得为什么父母以及周围那么多的人对自己是如此关怀;生命是宝贵的财富,即让学生明白一旦遭遇意外,保护生命是第一位的;死亡意味着什么,即教育学生获得对死亡的科学态度。其中教育学生正确认识死亡极为重要。通过死亡教育,让大家明白,死亡乃是一种自然现象,对待死亡应该坦然,不必无端畏惧。同时,死亡对每一个人来说都是不可避免、不可逆转的,有生必有死。尽管死亡是生命中一种固有的自然现象,生或者死不过是生命世界中机体物质的聚散转换,而且个体的死亡阻碍不了整个生命世界的繁衍与生息。但是,对于个体生命而言,死亡却是对其物质生命的终极否定。而且对个体来说,死亡具有不可逆转性,生命一旦停止,绝对不会复生。对于每一个人来说,生命只有一次,一旦失去就无可找回,死亡以无与伦比的无情与冷酷提醒人们生命的有限与宝贵。

其次,通过教育帮助学生培养坚强的品质和积极的生活态度。艾温·辛格在《我们的迷惘》一书中解释道:"所谓死亡?必须用组成生命的自

[①] 卢锦珍:《青少年死亡教育之探索》,硕士学位论文,广西师范大学,2004年。

然动力加以解释。如果抽离了生命的意义,死亡也就没有意义而言。死亡之所以是人类存在的一个极其重要的问题,无非是因为它加入了我们对生命意义的探究。关于死亡的一切思考,都反映出我们对生命意义的思考。"① 一般说来,面对死亡,有两种不同的人生态度:"一种是彻底的悲观主义。既然人生的最终结果是死亡,那么不管贫富差距,人高尚与否,最后都不过是化作'荒冢一堆草'。这种态度使人会彻底放弃人生,或者是及时享乐、消遣人生。另一种是积极进取者。既然生命短暂易逝,人生只有一次,那么,人生在世就应该活得更有意义,使日后死而无憾,而且对后人,对社会有贡献。"② 正因为死是不可避免的,而对待死亡又有不同的人生态度,所以,正确地认识死亡的意义就显得尤为重要。

有人说,人的生命从诞生的时候起,就开始走向死亡的倒计时,这样来看待生命,无疑具有极度的悲观色彩。既然人都是要死的,任何人都逃脱不了死亡的厄运和宿命,那么就应该以一种积极的态度好好地活下去,使自己有限的生命充满无限的意义,使短暂的人生具有长久的价值。正如快乐主义哲学家伊壁鸠鲁的观点,死是和生没有关系的事情。人要生活得幸福,使自己的生命具有价值,就必须摆脱对死亡的恐惧,从对死亡的惧怕中解放出来。所以一切中最可怕的恶——死亡——对于我们是无足轻重的……教育学生超越死亡,就是引导学生"认认真真地活好人生的每一天,真真切切地过好人生的每一刻,从从容容地享受生命的每一瞬,踏踏实实地做好人生的每一件事,兢兢业业地干好人生的每一项工作,以自己伟大的生命价值否定死亡的羁绊,以自己辉煌、灿烂的人生成就超越死亡的毁灭。这样才能真正地度过一种有价值、有意义的人生,从真正无愧于自己仅有的一次宝贵的生命"③。

再次,认识死亡的作用。人的生命是有限的,有生必有死,生与死构成了完整的人生。别尔嘉耶夫说:"这个世界上之所以有意义,只是因为有死亡。假如在我们的世界里没有死亡,那么生命就会丧失意义。意义与

---

① [美]艾温·辛格:《我们的迷茫》,郜元宝译,广西师范大学出版社2001年版,转引秦宇《析方方小说中的死亡描写》,《语文学刊》2011年第9期。
② 冯建军:《生命与教育》,教育科学出版社2004年版,第367页。
③ 刘济良:《生命教育论》,中国社会科学出版社2004年版,第226页,转引自谭保斌《用以人为本理念关照生命——兼谈我国传统文化中的生命观》,《河池学院学报》2010年第6期。

终点相关。假如没有终点，也就是说，在我们的世界上存在无限的生命，那么在这样的生命中就不会有意义。""生命是高尚的，这只是因为其中有死亡，有终点，这个终点证明，人的使命是另外一种更高的生命。假如没有死亡和终点，那么生命就将是卑鄙的，就将是无意义的。"① 因为终有一死，人们意识到生命的不可重复性，才会产生紧迫感，才会珍惜当下的美好时光，把握生命中的每一秒钟，去实现自己的人生价值。蒙田说："既然我看到了我生命时光的分分秒秒在时间上是有限的，我就想从分量上去拓展它。"② 更是因为死亡令人惧怕，因此，为了抗拒和超越死亡，人们不断创造，力图以不朽的创造赋予生命永恒的价值，所以哲学家说："人生的一切努力，人类的所有文明成果的创造，目的就是一个：对抗死亡。"③ 由此看来，人们因为意识到死随时可以降临，所以要思考人生的意义，追求生命的价值，期望死亡的超越。对死亡的积极认识促使人努力去实现自己的价值。

死亡教育的目的是让学生知道什么是死亡，帮助他们培养坚强的品质和积极的生活态度，不惧怕死亡；懂得正是因为人生有死亡存在，因此人的生命是有限的，所以更要珍惜生命，爱护生命，乐生，提升个体生命的价值，在有限的生命旅程中更积极地探索生命、更积极地体验与别人共同生存的幸福，进而用坚强的品质延伸生命的长度，用积极的生活拓宽生命的宽度。教育的重点应该定位在生命意义的理解和感悟上，而不仅仅只停留在概念教育上。

当然，由于死亡教育具有特殊性，因此，在进行死亡教育时，一定要注意结合我国的传统习俗、文化背景，尊重学生的意愿。相信，为了我们的明天，社会和家庭一定会对理解和支持死亡教育。

(三) 幸福观教育

面对人们的生命异化的现象，我们有责任、有义务帮助他们走出困境，引导他们在身心和谐中追求幸福、实现幸福和享受幸福，过一种真正有意义的幸福生活。

---

① [俄] 别尔嘉耶夫：《论人的使命》，张百春译，学林出版社 2000 年版，第 329—330 页。
② 转引自卢锦珍《青少年死亡教育之探索》，硕士学位论文，广西师范大学，2004 年。
③ 吴仁乃主编：《人类永生学》，长征出版社 2000 年版，第 56 页。

1. 幸福观解读

人总是追求幸福的,这是一个普遍的、基本的社会事实。没有对于幸福的追求,就没有人类的过去与今天,更没有人类的未来。这正如恩格斯在《共产主义信条草案》中所揭示的:"在每一个人的意识和感情中,都有一些作为颠扑不破的原则存在的原理,这些原理是整个社会历史发展的结果,是无须加以证明的","例如,每个人都追求幸福"[①]。在确立正确的幸福观之前,我们有必要先对中西方幸福观做一解读。

幸福观与人生的目的和价值、与人的现实生活和理想追求密切相关,它一经形成,便作为人生追求对个体道德起着内控机制的作用,对个体的人生目标和行为的选择、对价值取向和理想追求起着内在的驱动和引导作用。在西方历史上主要形成了以下四种人生幸福观。

第一,感性快乐主义幸福观。感性快乐主义幸福观从人的本性都是趋乐避苦的人性论出发,认为人生的目的或最高幸福就是追求感官快乐,只有能够带来感官享乐的行为才是善的,具有道德价值。

第二,理性快乐主义幸福观。与感性快乐主义相对应的是唯理主义的幸福观。这种幸福观推崇理性或精神快乐,鄙视肉体的感官快乐。认为有道德意义的精神生活才是幸福的,感官快乐只会玷污道德理性,荒废人生。

第三,和谐论的幸福观。快乐主义与理性主义各执一端,二者各有片面性。在古代,曾产生了对待幸福的另一种观点,即和谐论的幸福观。和谐论的基本观点是:幸福的生活就在于理性指导下的感性生活,或者说心身协调健康的活动。伊壁鸠鲁学派、苏格拉底、柏拉图、亚里士多德都持这种观点。

第四,僧侣主义的天堂幸福观。僧侣主义认为,只有天堂或来世的生活才是幸福的,而人间和尘世的生活都是不真实的,也就无幸福可言,故应当摈弃。中世纪的宗教思想家都持这种观点,他们从神学预定论出发,极力宣扬原罪说和禁欲主义,人类只有在尘世忍辱负重、节衣缩食,方可来世到天堂享受幸福。

总的来看,在西方历史上,存在着不同的幸福观,其中,占据主导地位的还是趋乐避苦的人性论和感性主义幸福观。

---

① 《马克思恩格斯全集》第 42 卷,人民出版社 1979 年版,第 374 页。

在中国历史上,主要有儒家幸福观、释家幸福观和道家幸福观。孔子认为幸福有三种形态,即纯粹德性幸福、抽象德性幸福、现实德性幸福。纯粹德性幸福包含"安贫"和"乐道"两个方面,把"道"作为个体人生的全部追求所在,奉颂"朝闻道,夕可死矣";抽象德性幸福不主张追求功利幸福,同时也不排斥功利幸福,强调人与自然和谐统一,追求"知者乐水,仁者乐山;知者动,仁者静;知者乐,仁者寿"的境界;现实德性幸福把功利幸福作为德性修养的必然产物,主张"言寡尤,行寡悔,禄在其中矣","学也,禄在其中矣"。佛经中有一部专门告诉世人如何获得幸福的《吉祥经》,从家庭、事业、交友等各方面讲述了得到"最吉祥"的方法。如"八风不动心,无忧无污染,宁静无烦恼,是为最吉祥"。道家的幸福观强调"道法自然",主张人类生活幸福的至道在于因应自然,人类不幸的源泉在于自身无穷无尽的欲望,要"知足常乐",才能过上幸福的生活。可以看出,无论是儒家、释家还是道家,都主张幸福内在于个人的精神世界,内在于每个人的生活。①

马克思主义幸福观。马克思主义把创造幸福和享受幸福结合起来,认为创造幸福是前提,然后才谈得上享受幸福。对无产阶级和劳动人民来说,没有劳动就没有幸福可言。只有为共产主义事业而奋斗,为绝大多数人谋利益,才是人生的最大幸福。②

然而,当普通民众的思想受到全球思想文化交锋的影响,当人们的生活受到追求财富最大化的市场经济的主导,各种思想、各种欲望开始强烈地冲击和挑战传统的幸福观。一定的物质生活水平是实现幸福的先决条件,我们对此并不加以否认,我们也不排斥人们可以用多种思维方式寻找幸福。但是我们发现,相对以往,物质生活条件日渐优裕,思想环境越来越开放和自由,但是还有很多人感悟不到幸福。为什么会出现这种现象?这种现象的出现有着比较复杂的社会原因,幸福感的缺失很可能跟我们的目标定位有一定的关系,跟是否确立了正确的幸福观有关。科学正确的幸福观应该是多维度的,需要从不同角度和层面进行考察和认识,才能全面准确地把握其内涵。

人是生活在现实之中的,不能脱离现实而生活在幻想之中。人的各种

---

① 李嘉美等:《幸福书1》序,人民出版社2010年版。

② 同上。

行为都是在现实中进行的，都是实实在在的事情，没有任何问题是靠幻想能够解决的。现实是生活的立足点，离开现实将一事无成。

但是，现实也并不是完美无缺的，也就是说，现实也总是有它的缺陷。人在现实生活中，遇到各种各样的困难是在所难免的。大一些的如自然灾害、意外伤亡、重大疾病、突然打击、因遭人陷害而陷入麻烦之中，小一些的如贫困失意、失业流浪、被人排挤等。总之，在人的一生中，充满着坎坷和困难，没有绝对的顺境，困难、矛盾以及由它们引发的痛苦，时时刻刻都在袭击着人们。一个人，不论他在社会上的身份、地位如何，也不论他的出身如何，所处的环境如何，都会遇到这些问题。因此我们说，天有不测风云，人有旦夕祸福。

如果一个人只看到现实的不幸与失意，而看不到未来的幸福与完美，看不到生活的希望和人生的价值，他就会觉得生活是枯燥乏味的，就会失去生活的信心与勇气，现实中的困难、矛盾、痛苦等不仅不能成为他追求未来幸福的推动力，还会反过来阻碍他对幸福的追求。因此必须构建正确的主流幸福观，寻找生活意义，追求更高层次的幸福的教育。

2. 构建正确的主流幸福观

首先，要明确生命活动是幸福的依托和保证。生命是幸福的生理基础，二者紧密联系不可分割，没有生命活动的存在根本谈不上幸福，没有健康的身体和正常的智力，一个人的幸福是不可能健全完整的。费尔巴哈在《幸福论》中谈道："生命本身就是幸福"，又说："健康就是幸福"，就已经意识到了幸福与生命、健康密不可分。

其次，要明确创造性劳动是实现幸福的根本手段。人类不仅是幸福的拥有者和享受者，而且首先是社会劳动者和幸福的创造者。劳动是人们利用一定的生产工具创造物质财富和精神财富的过程。如果没有劳动，人类就不会从茹毛饮血的原始野蛮生活中走出来，甚至不可能得以生存和发展。在劳动创造的过程中，劳动者不仅创造了物质财富和精神财富，而且充分自由地发挥着他们的智力和体力，逐步去接近或实现所追求的目标，从而产生精神上的满足感。

再次，要明确幸福是物质生活与精神生活的和谐统一。马克思认为，幸福既不是超验的纯粹的精神体验，也不是单纯肉体感官的满足，幸福在本质上是一种物质和精神的统一。物质生活和精神生活是辩证统一关系。物质生活的状况决定和影响人们的精神生活，成为精神生活的基础。"忧心忡忡的穷人，甚至对最美丽的景色都没有什么感觉。"① 精神生活的幸福依赖着一定的物质生活状况。但良好的物质生活并不一定就有精神生活的幸福，而如果没有精神生活的幸福，也就不会有物质生活的幸福。在马克思看来，幸福是对生活状况的感受，幸福离不开一定的物质生活资料，但是不能把幸福等同于物质享受。如果没有精神上的自由、高尚和满足，这个人是不幸的；相反，一个精神生活高尚的人，却并不介意于自己的穷困，而以自己崇高的理想、远大的抱负、事业的成就、丰富的感情生活等感到幸福。所以，真正的幸福应该是在求得外在享受过程中求得内在完善。只有丰裕的物质生活和充实的精神生活相协调的人才能感受到圆满的幸福，感受到内心的宁静与充实。

最后，要明确幸福是个人幸福和集体幸福的统一。人们在追求幸福的过程中，总是依靠一定的物质手段，总要和追求幸福的他人发生关系。幸福总是基于个体，而又依存于社会的。一方面，人对幸福生活的体验来自幸福感的产生；另一方面，幸福建立在个人幸福与社会幸福相统一的基础之上。马克思主义从人的本质和社会的本质出发认为，"私人利益本身已经是社会所决定的利益，而且只有在社会所创造的条件下，并使用社会所提供的手段才能达到"。个人幸福储存于集体幸福，不可能有离开集体幸福的个人幸福，有了集体幸福，个人幸福才有保证。若为个人幸福，损害集体幸福，个人就不会得到真正的幸福。正如马克思所言："历史承认那些为共同目标劳动因而使自己变得高尚的人是伟大人物；经验赞美那些为大多数人们带来幸福的人是最幸福的人。"② 可见，幸福的最高境界就是为人民谋幸福。

总之，马克思主义的幸福观是科学、全面和正确的。我们可以以马克思主义的幸福观，指导人们的现实生活。

3. 寻找生活意义，追求更高层次的幸福

意义不是从生活表面的快乐出发，而是从存在的根基上追问人为什么存在，即存在的目的问题，人类生活不仅需要幸福、需要回答应当如何的问题，而且需要目的、需要回答为什么应当的问题。生活需要目的，幸福需要理由，追问意义的生活才能使人摆脱表面浮华和一度的物质欢愉，去

---

① 《马克思恩格斯全集》第42卷，人民出版社1979年版，第126页。
② 《马克思恩格斯全集》第40卷，人民出版社1982年版，第7页。

追问精神的实在。

在正常情况下，人生价值和人生意义，如上所述，对于人生所带来的快乐和幸福总是大于其带来的痛苦和不幸。对于一个人来说，人生的痛苦和不幸少于快乐和幸福，那么，他的人生就是有价值、有意义的，就是值得经历的人生，就是相对圆满的人生。反之亦然，如果一个人的人生快乐和幸福少于人生的痛苦和不幸，那么他的人生就是没有价值、没有意义的人生，就是不值得经历的人生，就是不圆满的人生。

因此，主观上，一个人只要认为他的人生快乐和幸福少于人生的痛苦和不幸，由此感到他的人生是没有价值和意义的，那么，不论客观实际怎样，他都会认为不值得再活下去了。如那些感到生存空虚的人、身在福中不知福的人，那些受尽屈辱、折磨，生不如死的人。相反，一个人只要认为他的人生快乐和幸福少于人生的痛苦和不幸，由此而感到他的人生是有意义、有价值的，那么，不论客观实际怎样，他都会认为值得活下去。如那些随时都能感受到生活乐趣的人，那些从痛苦生活中找到意义的人，那些始终对未来怀有希望的人。

因此，要使人们能够活下去的科学方法只有一个，那就是帮助他认识和找到他的人生快乐和幸福、他的人生价值和意义。一方面，对于那些身在福中不知福的人，要使他们对于自己的人生苦乐祸福之主观感受和人生苦乐祸福之客观实际相一致，从而最终使他明白，他的人生快乐和幸福多于痛苦和不幸，其苦乐差额为快乐和幸福。这样，他就会感到他的人生是有意义、有价值的人生，是值得过的人生。另一方面，对于那些在各种痛苦中挣扎的人们，比如前文提到的那位高中生，人生并不是像西西弗斯那样在做无用功，要使他们明白与人生本性不符的、某种不圆满的人生在世界上是微乎其微的，只要怀有希望，我们可以从任何困难中找到活下去的价值和意义，从而使人生将来的快乐和幸福多于现在的痛苦和不幸，这样，他们就会感到他们的人生是值得过的人生了。

可见，每个人都应该明白，总的说来，他的人生快乐和幸福必定多于痛苦和不幸，其苦乐差额必定为快乐和幸福，因而他总能找到自己生活的意义，从而认识到他的人生是有价值、有意义的人生，是值得过的人生。

（四）生命挫折教育

人生际遇气象万千，不尽相同而又相似的人生汇聚成幕天席地、浩浩荡荡的历史长剧，演化为生生不息、源源不绝的生命之河。尽管人生的色彩有的瑰丽、有的素淡，人生的道路有的漫长、有的短暂，但不会总是一帆风顺，总会遇到一些艰难困苦。"人生之不如意之事十之八九"，一个人的生命历程中不可能不经历挫折和失败。

挫折普遍存在于人生活动的方方面面，任何人都不能幸免。那么，什么是挫折？李海洲、边和平在《挫折教育论》一书中，把挫折的概念划分为狭义和广义两种：广义的挫折泛指一切能够引起人们精神紧张，造成疲劳度和心理变化的刺激性生活事件；狭义的挫折专指有目的的活动受到阻碍时而产生的消极情绪反应。① 挫折的形成需要一定的条件，当条件具备的时候，才形成人们所能感受到的现实的挫折。造成挫折的原因是多方面的和复杂的。挫折的形成与自然环境、生活环境、自身条件以及个人的动机冲突等多种因素有关。按不同的标准，挫折可以分为不同的种类，比如：从挫折产生的归因角度可以将挫折分为外部挫折和内部挫折；以挫折所持续的时间长短角度来划分，可将挫折分为短时性挫折和长时性挫折；按引起挫折的基本方式来划分，挫折分为延迟引起的挫折、阻碍引起的挫折和冲突引起的挫折。上述挫折不论哪一种，其作用都具有二重性：消极性和积极性。即同一挫折所产生的影响可能是负面的，也可能是正面的。为此，对大学生进行挫折教育就是提高他们积极主动地对待挫折和处理挫折的能力，尽可能地减少或避免挫折的消极影响。②

大量的心理测试和案例显示，青少年的挫折承受力存在着这样那样的不足，已经成为影响青少年健康成长和全面发展的重要因素，成为青少年心理障碍、违法乱纪乃至自杀、杀人等恶性事件的罪魁祸首。青少年挫折承受能力的大小，从小处看，关系个体的成长和发展；从大处看，关系中华民族国民的素质问题。挫折教育迫在眉睫。

挫折教育的提出由来已久，但其具体的含义，至今还没有一个公认的说法。人们大多把挫折教育视为一种教育教学活动，目的是减轻预期动机实现不了、需要不能满足时的负面情绪，用以培养学生接受挫折的能力。挫折教育的内容应该涵盖学生生活、学习、交往等各个各方面，挫折教育不仅仅是指学校教育，还要包括社会和家庭的教育；挫折教育的目标不能

---

① 李海洲、边和平：《挫折教育论》，江苏教育出版社1995年版，第17页。
② 王敏：《高等学校开展挫折教育的理论与实践研究》，硕士学位论文，东北林业大学，2005年。

依赖教育课程来实现，而是需要通过教育环节和渗透在日常生活、学习、交往等实践活动中的隐性教育来实现。具体概括，挫折教育的内容主要有以下几点。

第一，引导人们正确认识挫折。"艰难困苦，玉汝于成。"古今中外有很多关于艰难与困苦的至理名言值得人们永远记取："困难是人生的教科书"；"从顺利中学得少，从困苦中学得多"；"一生中没有遇到困难的人，永远也不会成为一个真正的人"。司马迁在《报任少卿书》中指出，处逆境而有所作为者，不乏其人。他说："文王拘而演《周易》；仲尼厄而作《春秋》；屈原放逐，乃赋《离骚》；左丘失明，厥有《国语》；孙子膑脚，《兵法》修列；不韦迁蜀，世传《吕览》；韩非囚秦，《说难》《孤愤》。《诗》三百篇，此皆圣贤发愤之所为作也。""如果不落在肥土而落在瓦砾中，有生命力的种子决不会悲观、叹气，它相信有了阻力才有磨炼。"（夏衍语）英国哲学家弗朗西斯·培根对如何对待人生厄运有过精彩的论述："幸运所生的德性是节制，厄运所生的德性是坚忍"；"美德有如名香，经燃烧或压榨而其香愈烈，盖幸运最能显露恶德而厄运最能显露美德也"。法国著名作家雨果对困苦有过一个十分贴切的比喻，他说："苦难，经常是后娘，有时也是慈母；困苦能孕育灵魂和精神的力量；灾难是傲骨的奶娘；祸患是豪杰的好乳汁。"① 玉不琢磨，难以成器；人不磨炼，不能成才！从这个意义上说，先有聋哑失明，才有举世敬佩的海伦·凯勒；没有贫困、饥饿、伤残、失恋、伤寒，也就显不出保尔·柯察金钢铁战士的本质。巴尔扎克认为："苦难，对于天才是一块垫脚石，对于能干的人是一笔财富，对于弱者是一个万丈深渊。"② 挫折并不可怕。从积极思维的角度看，首先，挫折能增长人的才智。挫折之后的思考、总结、探索、创造的过程，也是人提高认识、增长才智的过程。其次，挫折可以激发人的进取精神。对于有志者来说，挫折的发生会激起再努力、再加把劲的想法和勇气，使自己成为生活的强者。再次，挫折还能够磨砺人的意志、造就人才。生活的强者会变挫折为动力，变失败为成功。

第二，适当地进行"挫折实践"，提高学生的挫折容忍力。挫折教育最终的目的就是要努力提高学生的抗挫折能力及心理抗击打能力，挫折教

---

① 转引自黄学规《挫折与人生》，浙江大学出版社1999年版，第96页。
② 转引自萧怀《人生隽言》，上海人民出版社1995年版，第27页。

育离不开社会实践。让学生投身于社会,参与实践,是磨炼他们意志、增强耐挫折能力的最好途径。世界上很多国家都很重视对青少年的挫折教育。例如,在美国,人们很重视挫折对生存的作用。美国教育认为让孩子独立地进入社会,品尝生活的艰辛,自己学会解决问题,在适应社会中学会独立是最好的挫折教育。在澳大利亚,父母对子女的挫折教育是随时随地的,他们将挫折教育无声无息地融入孩子的生活之中,孩子们在这种生活里培养了直面人生的勇气。英国教育中树立了如下价值观:勇敢和坚韧的品性受人尊重,懦弱和胆小遭人鄙视。学生经常被组织去探险,学会在险恶的环境中生存,以此锻炼孩子的勇气。大多数英国父母认为:原则第一,亲情第二。孩子只是暂时的中心,要让孩子学会独立生活的本领。不论条件如何,人们都会有意识地制造一些艰苦的环境,让孩子去体验,磨炼其意志,养成坚强的性格,以便在将来的生活中适应各种复杂的情况。大部分西方教育学家和心理卫生专家都认为,面对挫折的良好心态是从童年和青少年时期不断遭受挫折和解决困难中养成的,是反映青年素质的一项重要指标。

第三,转化并战胜挫折。挫折和磨难是人生的宝贵财富。生活中没有阻力,人生的价值就难以充分体现。即便是一叶扁舟,它也不会永远在风平浪静中停泊,而要承受得起波涛怒号的颠簸,更何况漫漫人生路。人生之路,往往穿过可怕的泥泞,才能迎来鲜花。挫折,对躲避它的人是残酷无情的,往往使其陷入消沉之中;而对迎接它的人却是慷慨仁慈的,往往甘为垫脚石,使其获得成功。幸福的人生往往是以沉重的工作来兑现的。所以,任何时候都应笑对挫折,学会转化,争做自己命运的主人。

《周易》指出:"天行健,君子自强不息。"[①] 中国古人从日月星辰永不停止的周行运动中,发现了刚健进取精神的积极意义,从而为人生实践确定了基本的态度和样式。它也反映了中华民族集体心理的基本倾向。几千年来,这种人文精神对中华民族的民族性格产生了积极的作用。

竞争的加剧会让人们更多地领略生活的艰辛和社会的复杂。有时,社会提供给我们的不是那种理想的环境,那就需要我们自己把信念的根扎进"石缝",绝处求生,顽强地成长。正如本杰明·富兰克林所说:"上帝拯

---

① 《周易·乾卦》。

救那些能够自我拯救的人。"如果我们学会在复杂的社会环境中把握自己,勇敢地去战胜种种困难和挫折,那么,我们就能够去夺取人生最后的成功。

人的生命是坚强的,因为它是在长期的斗争中保留下来的,从最本质的意义上说,生命是抵御死亡的各种力量的结合体,然而,人的生命又是脆弱的,因为它无时无刻、不得不面对各种风霜雪雨、艰难险阻。生命是人生中最艳丽的花,需要精心呵护,它才能不断更新和繁茂。珍爱生命,是克服挫折的第一步。作为自然界和社会的存在,人类的生存受到来自方方面面的严峻挑战,所以,能够活着就是伟大而美丽的,因为活着太不容易。处在任何位置,都可以赋予人生以崇高的价值。居庙堂之高,则忧其民;处江湖之远,则忧其君。只要我们有宽广的胸襟,有高远的抱负,有奋斗的意志,在一切卑微的位置上,都可能成就伟大的价值。

人不怕挫折,只怕丢掉刚强;人不怕困难,只怕失去信心。只要不迷失目标,挺直脊梁我们就能战胜挫折,超越自我。

(五)生命责任意识教育

责任意识产生之根基源于人们对个人与社会关系的自觉意识。缺乏责任意识的人,容易陷入"过度关注自我感受和自我利益"的怪圈,无法找到生命的平衡点和意义的支撑而产生生命的挫败感,有的甚至随意处置自己的生命。责任关乎每个人的幸福与成长。

1. 正确认识责任

责任是人特有的存在方式,是人之为人的本质规定性,是人生幸福的源泉和途径。库珀强调:"保持高度的主观责任是重要的,它不仅有利于整体感、自尊心和认同感培养,也有利于履行我们的客观责任。"[①] 当人有强烈的权利感、责任感、义务感,就会有生活的热情、积极性和主动性,就能够关心别人、群体和社会,就敢于对自己的言行及其后果负责,对自己的命运、前途负责,对自己生存的社会条件负责,就能体会到人生的乐趣、价值和意义;反之,人如果缺乏权利感、责任感、义务感,就会觉得人生淡而无味,没有乐趣、价值和意义,从而丧失生活的热情、信心

---

① [美]特里·L.库珀:《行政伦理学:实现行政责任的途径》,张秀琴译,中国人民大学出版社2001年版,第78页。

和进取精神,成为精神空虚的人。①

责任是道德存在的意义,是一切道德价值的基础。西塞罗认为:"任何一种生活,无论是公共的还是私人的,事业的还是家庭的,所作所为只关系到个人的还是牵涉到他人的,都不可能没有道德责任,因为生活中一切有德之事均由履行这种责任而出,而一切无行之事皆因忽视这种责任所致。"② 同样,鲍曼也指出:"道德的意义是什么?很明显……采取道德立场意味着为他人承担责任。"③ 道德起源于对责任的认识,这种对责任的认识和内化使德行变得崇高,"德性的社会价值,最现实、最普遍地体现在人们的责任感上"④。德性的魅力也就体现在履行职责过程中的崇高责任心。

康德认为:"一个人的道德价值,并不表现在出于爱好的善良行为里,而表现在出于责任的善良行为里……给予行为以道德价值的,不是爱好的动机,而是责任的动机。"⑤ 也就是说,"道德行为不能出于爱好,只能出于责任"。责任使人的行为超越了个人外在的功利,追求道德价值的深刻体验和相伴而生的心理愉悦,正是这种超功利性、纯洁性使得对责任的履行成为人们心灵上的一种需要,使人摆脱了单纯他律的束缚,而成为自律的人。

人的生命是由他所属的群体塑造和支持的。马克思说:"我也是社会的,因为我是作为人活动的。不仅我的活动所需的材料,甚至思想家用来进行活动的语言本身,都是作为社会的产品给予我的,而且我本身的存在就是社会的活动;因此,我从自身所作出的东西,是我从自身为社会做出的,并且意识到我自己是社会的存在物。"⑥ 生活在社会中的每一个人,都有自己所属的群体,并具有独特的角色和使命。在现实社会中,由于需

---

① 梅萍、陈饶燕:《大学生生命责任感的培养与自杀预防》,《中国高等教育》2006年第21期。
② [古罗马]西塞罗:《西塞罗三论》,徐奕春译,商务印书馆1998年版,第91页。
③ [英]齐格蒙·鲍曼:《生活在碎片之中——论后现代道德》,郁建兴、周俊、周莹译,学林出版社2002年版,第311页。
④ 陈根法:《德性论》,上海人民出版社2004年版,第9页。
⑤ [德]康德:《道德形而上学原理》,苗力田译,上海人民出版社2002年版,第98—99页。
⑥ 《马克思和恩格斯全集》第42卷,人民出版社1979年版,第122页。

要,人一方面要对自己的生存、发展和完善负责,即自我负责;另一方面,作为社会成员,由于与世界的联系,人也要对他人、群体和社会的生存和发展负责。生命因承担和履行着对他人和社会的责任而充满了意义。所以,"责任的实现能为他人带来现实利益,责任的实现也就意味着实现了责任者的社会价值,从而责任者在其责任的实现中获得某种精神上的巨大愉悦和满足"①。

2. 具体措施。

责任本身是具有层次的。意大利思想家朱塞佩·马志尼按责任的重要性把其依次划分为四种类型:第一是对人类的责任,第二是对国家的责任,第三是对家庭的责任,第四是对自己的责任。本书主要从对自己负责、对家庭负责、对自然负责以及对社会负责来加以阐述。

一是对自己负责。康德把道德从人性与人类的目的出发,将责任分为对自己的义务和对他人的义务。他说:"道德行为不能出于爱好,只能出于责任。"我们认为责任教育的起点应当为教育学生对自己负责。印度的佛陀奥修说过,你唯一的责任是对自己的本性负责。用全部的心力关注和实践自我本性的完善,使生命的价值不致因我们的懈怠而辱没,这正是生命所要承担的第一责任。只有对自己负责的人,才能是一个对自己置身于其中的种种关系持积极的负责态度的人。②

卢梭认为自爱是道德的,表现为一个人对自己的关心,自爱最基本的表现就是关心和保存自己的生命,因此,人的第一责任就是应当关心自己的生命。康德也强调对自己的完全负责任的例子,就是每个人对自己的生命所担负的责任。"责任的最高原则就是竭尽全力维护自己的生命、发展和提高自己的生命,使他具有最大的道德价值。"③ 要让青少年对社会负责,首先必须教会他们对自己负责:对自己的生命负责,对自己的健康负责,对自己的事业负责,对自己的情感负责,由己及人,由近及远,对自己的亲人负责,对身边的周围的人负责,再升华到对社会、对民族、对国

---

① 王兆林:《学会责任与学校责任教育再探》,《中国教育学刊》2003 年第 4 期。
② 梅萍、陈饶燕:《大学生生命责任感的培养与自杀预防》,《中国高等教育》2006 年第 21 期。
③ [德]康德:《道德形而上学原理》,苗力田译,上海人民出版社 2002 年版,代序第 11 页。

家负责。① 人只要活一天，就被社会给予一天，也就应该为生命负责一天。生命因负责才美丽，生命因负责才变得有意义，生命也因负责才从有限走向永恒。②

二是对家庭负责。中国传统文化中，"家"的观念根深蒂固。《诗经》中写道："父兮生我，母兮鞠我。拊我畜我，长我育我，顾我复我，出入腹我。欲报之德，昊天罔极！"③ 这表明，人们早已意识到父母的恩德就像天一样没有边际。人生在世，要心存感激，有一颗感恩的心。"一粥一饭，当思来之不易；半丝半缕，恒念物力维艰。"小时候，我们离不开父母的养育；长大了，离不开别人的帮助，我们享受的每一份服务，我们使用的每一件物品，都凝聚着人们辛勤劳动的汗水。如果一个人连自己的父母都不懂得去爱，要求他去爱自己的祖国并为祖国尽责任，那是不切合实际的，也是不可能的。只有加强人们对自己的亲人和朋友的责任感，才能将这种责任感逐步升华为对社会、对民族以及对国家的责任感。

三是对大自然负责。"人类只有一个地球，索取和回馈要平衡"。史怀泽认为，一个人，只有当他把植物和动物的生命看得与人的生命同样神圣的时候，他才是有道德的。人类在自然共同体中所享有的举足轻重的特殊地位赋予他的不是掠夺的权利，而是保护的责任。尊重其他物种存在的权利是人类的责任和义务，因为在宇宙生物链中，人与其他物种都是不可缺少的有机组成部分。享用自然是一切物种共有的权利，并非人类的特权。人类应该规范自己的生产方式和生活方式，在保持生态平衡的基础上，在生态系统所能承受的范围内合理地开发和利用自然。只有在热爱自然、保护自然和维护生态平衡的基础上，积极能动地改造和利用自然，人类才能走向未来。

四是对社会负责。美国学者柏忠言在其著作《西方社会病》中，把自杀看成一种"社会病"，在他眼里，自杀既是缺乏社会责任感的结果，也是缺乏社会责任感的典型表现。社会责任感表现为不畏艰辛地承担生活中应当承担的责任，多为他人和社会着想，勇于自我牺牲，不是一心追求

---

① 梅萍等：《当代大学生生命价值观教育研究》，中国社会科学出版社2009年版，第169页。
② 同上。
③ 《诗经·小雅·蓼莪》。

个人的享乐。在柏忠言看来，这正是现代西方自我毁灭者最缺乏的。"一个人一旦了解他的地位无可替代，自然容易尽最大心力为自己的存在负起最大责任。他只要知道自己有责任为某件尚待完成的工作或某个殷盼他早归的人而善自珍重，必定无法抛弃生命。"① 而对越来越多的自杀现象，德育工作者必须努力启迪人们的社会责任感，使他们能自觉以"人类一分子"或"社会公民"或"父母之子"的姿态反观自己的生命，努力地生活，克服因人生短暂和社会变化无常而滋生的虚无感。

对社会负责，就是尽自己的责任时，不以索取回报为目的；将为他人、为社会尽责任视为正确的选择；把做本属于个人责任内的事情视为应该的，而不是无比高尚的行为。"用全部的心力关注和实践本性的完善，使生命的价值不致因我们的懈怠而辱没，这正是生命所要承担的第一责任，但生命的责任远不止本性完善。生命的责任更多是胸怀天下，为国家，为民族的振兴献力，有限的生命也只有融入到无限的民族利益中，才能够显出其灼灼的光华。"必须澄清的一个关系是，本性的完善与匡世济民的职责并不矛盾，相反，前者是后者的基础和起点，后者是前者的合理延伸，只有把二者有机地结合起来，生命的责任才是充实和完美的。②

作为社会个体联结的纽带以及社会良性发展的道德基础，在我国的道德建设中，道德责任感的培养始终占有一席之地。从孔子的"当仁不让"到孟子的"舍我其谁"，从张载的"为天地立心，为生命立民，为往圣继绝学，为万世开太平"到顾炎武的"天下兴亡，匹夫有责"，无不显示着对国富民强的崇高责任感。"道德之所以是道德，全在于具有知道自己履行了责任这样一种意识。"③

每个人的出生都是孤独的，但生存不能孤独，必须与人共处，生活在一个社会环境之中。家庭、社会、国家，都是人类生活和活动的范围，每个人在其中互相依赖和互相支持。爱因斯坦说："我每天上百次地提醒自己，我的精神生活和物质生活都是以别人（包括生者和死者）的劳动为

---

① ［奥地利］维克多·弗兰克：《活出意义来》，生活·读书·新知三联书店1991年版，第84页。
② 梅萍、陈饶燕：《大学生生命责任感的培养与自杀预防》，《中国高等教育》2006年第21期。
③ ［德］黑格尔：《精神现象学》（下卷），王玖兴译，商务印书馆1979年版，第157页。

基础的，我必须尽力以同样的分量来报偿我所领受了的和至今还在领受着的东西。"① 因此，不要忘记自己对他人、对社会的以至对整个人类的责任。当你觉得你是一个有益于他人、有益于社会的人，你自己也就会感受到一种精神上的满足，从而得到人们的尊重。

人的一生那么短暂，就如同白驹过隙。只有懂得承担生命，生命才会出现亮点。记得一位哲人曾经说过：没有月亮，我还有星辰；没有星辰，我还有梦想；梦想失去，我还有生命的责任。可如果生命一旦失去，我们还能有什么呢？承担生命，对自己负责，唯有如此，你才能拥有一个健康的灵魂。我们无法确定生命的长短，更不能改变它的长短。我们只能好好地过每一天。让我们承担起生命的快乐与痛苦，对自己负责到底。人生就是一部小说，不在长，而在好。承担生命，对自己负责，用生命去谱写属于自己的精彩，这才是人生的真谛。

（六）生命信仰教育

信仰是人类精神生命的最终依托。德国著名哲学家恩斯特·卡西尔曾经说过："人用以与死相对抗的东西就是他对生命的坚固性、生命的不可征服性、不可毁灭的统一性的坚定的信念。"② 也就是说，对生命的崇敬，对生命的渴望，对生命的信仰，是人超越实体的存在获得生命永恒意义的基石。信仰作为人的精神追求中的终极价值系统，在德育领域中居核心地位，信仰教育的使命"就在于使每一个孩子的心理都能受到人的崇高欲望的鼓舞，而给予别人带来快乐、幸福、顺利、好处和安宁"③。

1. 人生信仰具有的作用

第一，信仰乃是人生之必需。信仰是一种精神活动，只是人所具有的，也是人之所以为人的特征。一般地讲，一个人的自立，不但需要自身自然机体的成果和发展，并从中获得物质力量；而且还需要自身情感、意志等方面的成长和发展，从中获得精神力量。信仰的确立，为人提供精神自主，从而使人在这种精神自主的体验中肯定自身存在的意义和价值。一个人作为社会的存在，总要有所向往和追求，只要有向往、有追求，他就一定有

---

① 刘启云、谢志强编译：《诺贝尔奖金获得者演说词精粹》，中国大百科全书出版社1995年版，第252页。
② 转引自梅萍《论生命的信仰与德育的使命》，《教育评论》2006年第2期。
③ 檀传宝：《信仰教育与道德教育》，教育科学出版社1999年版，第2页。

信仰。没有信仰的人是不存在的。因为一个无所追求、无所信仰的人，他的生活的意义、人生的目的、生命的价值追求，都失去了意义。

第二，信仰是人生的精神支柱。信仰使人感到有所寄托，有所希望、有所追求、关系着人们的行动方向和行动后果；信仰是力量的源泉、前进的动力，它给人以信心，勇气和毅力，影响着人们的精神状态。正确的信仰将引导人们走向人生之路，带来光明的前途，美好的人生；而不正确的信仰则会使人迷失方向、误入歧途，无所作为，甚至走向消极和沉沦，毁掉人的一生。因此，信仰能够随着人类历史的发展一起发展，并在生活的各方面展开，总有它的重要作用。

第三，信仰具有导向作用。信仰能够把人的活动从现实引至未来，从一个目标导向更高目标的追求。信仰来源于现实，但并非现实，而它高于现实，这就决定了信仰具有现实和未来的双重性。一个确立了信仰的人，就会自觉地以信仰为出发点去观察、思考、评价周围的事物，并以行动力求实现和达到信仰。

第四，信仰具有激励作用。信仰作为人们的寄托，是人对未来美好愿望和理想追求的一种反映。信仰的确立，是人生最高价值目标的确立，是人们生活道路的抉择。因此，一个确立了科学信仰的人，就会感到自己是为一种崇高而伟大的目标而生活，感到信仰给自己带来了无限的愉悦感，生命充满了激情和诗意，使信仰者受到强大的激励而成为其前进的动力和人生价值的保证。激起人们为实现信仰对象而奋斗的意志热情和毅力，在执着追求人生最高价值目标的实践活动中产生责任感，在行动中表现出主动性、积极性、创造性和顽强性。从而成为人们前进的动力和人生价值的保证。人生道路漫长坎坷，每前进一步都要付出巨大的努力，信仰就是这种动力的源泉。

信仰的激励作用，还表现在它是人生的精神支柱。如果把一个人的一生比作杠杆的话，那么，人们的信仰就是"支点"。一个人有了正确的信仰，就能够拨开云雾，看清前进的方向；就能有坚定必胜的信心和无坚不摧的力量，就会感到充实有力，振奋昂扬，战胜前进中的艰难险阻，达到既定的目标。

2. 生命信仰教育的具体措施

一是引导青少年正确地选择人生信仰。社会压力的增加，精神世界的空虚，无不困扰着现代人对内心世界宁静的追求。人们开始觉醒，对信仰的寻求日趋明显。许多社会现象都可以看作是人们自觉或不自觉地寻找信仰的表现。比如，近年来参观革命圣地的人络绎不绝，对一部分人来说，这已经不仅仅是旅游，而是一种寻求精神朝拜地活动。此外，还有一些现象从另一个侧面反映了人们的信仰需要。比如，许多人通过信奉各种宗教去寻找一种心灵的归宿。在这种情况下，如果对信仰问题没有清醒的认识，可能会使人误入歧途。引导学生慎重地、正确地选择自己的信仰是当务之急。中国人民大学的刘建军教授提出了选择信仰的四个标准，值得我们借鉴。第一，对于一种信仰，要看其是否理智。人们应该相信合理的、科学的理论和思想体系。在对于世界和生活的基本方面的认识上，人应该有一种理性的态度，应该让自己的基本信念来自并合乎理性。一种信仰，一种世界观，如果不以科学为基础，排斥和违背科学，它就是不可信的。第二，要看这种信仰是现实的还是虚幻的。一般来说，信仰带有超越性，是对生活现实状况的某种不满足和超越，这是信仰的价值所在。但是，超越性是以现实性为基础的，这种超越并不是为了否定现实，而是为了使现实更加美好。逃避现实、否定现实，甚至否定生活本身的信仰，都是不足取的。第三，要看这种信仰是否崇高。作为人类的精神追求，信仰本身就应该是崇高的。有的人以自我为中心，执着于某种现实利益目标的追求，尽管看起来好似很现实、很理性，其实庸俗不堪，与真正的信仰不是一回事。第四，还要看这种信仰是健全的还是偏执的，即看其是符合正常和健康的社会生活的，有的信仰在超越现实的时候，强调一些荒诞不经的东西，诉诸非理性，结果逐渐走上反文化、反社会的道路，成为社会的毒瘤。现代社会中一些邪教组织往往就是这样的，这需要引起人们的警觉。①

二是引导青少年养成理性的思维方式。因为人是思想的存在物，所以不经思考的人生是没有意义的。人区别于动物之处就在于人能够思考，能够认识到自身行为的意义与价值所在，理性的自我意识是人类精神生活的前提。恩格斯把思维着的精神形象地比作地球上最美的花朵。早期的信仰是建立在非理性和盲目崇拜的基础上的，当代的信仰已经不再拒绝理性的追问。从某种意义上来说，今天的人走向信仰之途正是由于理性的引导。真正的信仰应该是主体经过理性选择的结果，这也是一种健康的信仰。作

---

① 刘建军：《信仰与人生》，《郑州轻工业学院学报》（社会科学版）2001年第2期。

为教育者，在帮助人们确立生命信仰时，应注重引导他们养成理性思维的定式，通过理性的思考去选择生命信仰。

三是引导青少年坚持国家的主导信仰。信仰不仅关乎个体的精神气质和生命质量，更影响着国家、民族、社会的价值取向。作为一个社会共同体，其基本价值的要求应该是一致的。在当前这种多元文化并存的社会里，存在着多个价值体系，虽然这些不同的价值体系存在差别，但它们包含了人类交往的共同准则、共同的规范要求，这些准则和规范要求成为国家中的主导信仰。这种主导信仰能够引导整个社会发展，引导青少年走出精神的迷茫，体会生命的崇高，实现生命的无限发展。现阶段，从中国的实际出发，我们必须旗帜鲜明地以马克思主义的世界观、人生观、价值观为指导，以社会主义的理想和信念为核心，以集体主义为主义内容，以最大限度地实现社会公平和正义为主要目标，重塑社会主义价值信仰体系。这种信仰体系是高尚的、积极的、健康的、向上的，它既符合人类社会的发展规律，又符合以无产阶级和广大劳动人民为主体的最大多数人的根本利益；这种社会主义价值信仰体系既尊重人们多元的个性，又追求人类最高价值的普遍性；既关照人们实现利益的需要，又感召着人们精神品格的提升。

四是引导青少年积极进行人生践履。"没有经过实践检验的理论，不管它多么漂亮，都会失去分量，不会为人所承认。"[①] 信仰的形成不是单一的途径就能促成的。信仰形成的途径离不开生命的体验和社会的实践，人们总是要对不同的理论和价值观念进行比较和选择以后，才能确立自己的信仰。经历的越多，确定信仰的过程就越曲折，而最终确立的信仰就越坚定。确立科学、崇高的人生信仰，关键在于引导青少年投入到现实生活中去，多一些亲力亲为的人生体验，把信仰追求转化为生命活动的动力。

正确的信仰教育是青少年实现自我超越的精神动力，只有借助有力而健康的信仰教育，才能培养大学生以正确的信仰主宰自己的精神世界，成为积极向上不断超越自我的一代人才。

---

① 林若红：《感恩教育——高职德育生活化的有效途径》，《福州职业技术学院学报》2005年第3期。

第三节 对于教育环体应采取的相关对策

一 宏观环境方面

(一) 优化经济环境

良好的经济环境是生命道德教育顺利进行的重要条件。优化经济环境，在当前，就是要努力建立和完善社会主义市场经济体制，促进生产力的持续、快速、健康发展。

1. 倡导社会公平。

市场经济是一种优胜劣汰的经济，现代人面临的最大的生存挑战，就是社会主义市场经济带来的激烈的社会竞争。从一定意义上讲，我国当前利益格局的失衡正是源于社会资源和权利分配的不公平。

社会公平指的是什么呢？社会公平是指以共同的价值观为基础，具有历史必然性并成为社会进步基础的公平观念。它必须立足于人本身，以人本身为出发点和目的，有利于人的全面发展，有利于挖掘和发挥人的各种潜能，还必须有利于整个社会的发展，有利于生产力的发展。[①] 社会公平包括权利公平、机会公平、效率公平、分配公平。权利公平是现代社会制度和社会秩序的道德基础，在现代社会，每一个人都应该享有平等的生存权和发展权，权利公平应对此予以承认和保证（体现），也就是要求社会中的制度安排以及非制度安排赋予每个人平等的生存和发展的机会。资本占有状况以及家庭背景、性别等因素不应限制和影响人们受教育的机会、劳动的权利以及职业的选择等；由于在市场经济中资源占有是不平等的，因而造成人以及企业在发展过程中的起点不平等、竞争不平等等现状，社会公平体系必须保证每个人机会均等，也就是要求包含机会公平的内容，以利于每个人潜能的发挥。这是对权利公平的必要补充。根据 M. 弗里德曼的观点，机会均等的"真正含义的最好表达也许是法国大革命时的那句话：前程为人才开放。……出身、民族、肤色、信仰、性别或任何其他无关的特性都不决定对一个人开放的机会，只有他的才能决定它所得到的

[①] 肖玉明：《社会公平及其调节机制》，《探求》2004 年第 3 期。

机会"①。当前面临最根本的问题是发展，发展经济和提高效率是解决社会问题的前提和关键。市场经济中，效率决定公平，效率作为各种社会资源投入与产出的比率几乎天然地与发展联系在一起，抛开效率去讨论社会发展、人的发展以及社会公平是没有什么现实意义的。效率得不到提高，人民的物质文化水平就不可能得到改善和提高。因此，就更谈不上什么公平问题，最多只是低层次的公平。因而，在市场经济社会，机会公平观念首先要以整个社会的发展为出发点和目的，即必须与效率联在一起追求效率公平；在当代，评判社会公平程度的直接依据就是要看人们的收入分配是否合理，所以，社会公平能否实现最终必然体现在对财富的分配上，也就是说，社会公平的根本内涵和最高层次为分配公平。任何社会，都存在一种社会心理，即分配上的均等化社会心理倾向，也就是要求在财富占有上的相对平等。换言之，都存在分配公平问题。分配能不能达到公平，往往影响着社会秩序的稳定。公平能否真正得以实现主要取决于制度结构。维系一个良序社会的制度体系必然包含权力制衡、平等关怀、义利统一的共同价值取向。此三点也是公平正义原则对现代社会制度体系的基本要求，缺少任何一个方面都不会产生制度的和谐。

　　罗尔斯在他的《正义论》中指出：作为公平的正义可以说是不受现存的需要和利益的支配，它作为对社会制度的批判，建立了一个阿基米德支点。正是由于对社会制度和社会整体具有如此巨大的价值力量，社会公正才成为一个社会的基本制度或国家大法的主要内容，成为社会价值的核心目标，在社会发展中受到普遍的关注，并引导人们去为实现社会公正而努力。为此，追求社会公正就成为制度文明的进一步的精神指向，成为人民安居乐业、社会有序发展的制度保障，成为人们提升竞争能力和生存能力的制度性的文明特质。②

　　社会公平对于社会的稳定与发展及其重要。社会公平有助于人民维护和发展其政治、经济、文化的需要和价值。优化经济环境必须倡导社会公平。

---

　　① ［美］M. 弗里德曼：《资本主义与自由》，张瑞玉译，商务印书馆1986年版。
　　② ［美］约翰·罗尔斯：《正义论》，何怀宏等译，中国社会科学出版社1988年版，转引自石亚军主编《人文素质论》，中国人民大学出版社2008年版，第273页。

2. 制度设计公平正义

制度是什么？诺思认为制度是人为设计的各种约束，它由正式约束（如法规、法律、宪法）和非正式约束（如行为规范、习俗、自愿遵守的行为准则）所构成。① 罗尔斯把"制度理解为一种公开的规范体系，这一体系确定职务和定位及它们的权利、义务、豁免等等"②。无论学者们怎样界定制度，制度归根结底是一种人为的设计，是在一定历史条件下形成的正式规范体系及与之相适应的通过某种权威机构来维系的社会活动模式。③ 一些新制度经济学家，比如科斯、布坎南，他们认为，之所以会出现与社会相悖的现象，归根结底是因为制度本身存在的缺陷决定的，而不应该仅仅归结为个人的行为。因为通过一系列设定，制度规定了人们活动的范围与方式。在既定的制度下，每个人活动的自由是相对的，人们能够对自己或者他人的行为做出预测，并产生特定的结果。制度的相对稳定性使人们形成自己的行为习惯，由习惯进而自然，达到"行为养成"。

由于制度问题是根本性、全局性、稳定性和长期性的，所以，制度的公正就显得尤为重要。因为社会公正优先于个体的善，个人的美德、情感只有在一个公正的社会中才能形成。正如亚当·斯密认为："行善是大厦的装饰物，而不是大厦的基础，因此，规劝即可，而决无必要强加于人。相反，正义则是支撑整个大厦的顶梁柱。"④ 如果说个人负有支持制度的义务，那么制度必须首先是公正的或接近公正的。对于个人，我们当然应该提倡对他人、社会要有奉献精神，不能斤斤计较个人的得失，不能指望自己做的每一件事都要得到回报，但作为整体的制度和机制，从其设计与安排的角度而言，不能不讲公正，不能不讲赏罚。"一个社会应当努力构建起依靠赏罚分明机制调节社会利益分配的公正的社会结构，在宏观上创造出'老实人'，不吃亏的合乎人性生长的良好环境，保证德行是社会的通行证"。有善不赏，君子必稀；有恶不惩，小人必猖。有善不赏，有恶

---

① [美]诺思：《经济史中的结构与变迁》，生活·读书·新知三联书店1997年版，第373页，转引自赵庆杰《诚信的形而上设定与制度供给》，《人文杂志》2004年第11期。
② [美]约翰·罗尔斯：《正义论》，何怀宏等译，中国社会科学出版社1988年版，第54页。
③ 石亚军主编：《人文素质论》，中国人民大学出版社2008年版，第279页。
④ 参见宋增伟《制度公正与人性完善》，中国社会科学出版社2010年版，第80页。

不惩甚至赏罚错位是社会最突出的不公正，最易引起民愤、引发社会动荡不安。① 在一种合理公正的制度的安排下，个人不需要去斤斤计较利益得失，公正的制度会保证公平与正义。因此，公平正义必须成为当下社会主义制度伦理的一个核心价值取向。我们必须努力推进社会公平，提升社会公平程度，追求社会正义的道德氛围。

（二）优化文化环境

多元文化为生命道德教育提供了更多取向，但是由于多元格局的影响，容易使人们在强烈的文化碰撞中失去自我。生命道德教育必须营造良好的社会文化氛围。

1. 确立社会主义核心价值体系，倡导主流文化

每一种文化都有其独特的一套价值系统，它让人们知道，什么行为是社会所期望的，什么行为是社会所唾弃的，它是一种评价性的观点，既涉及现实世界的意义，也指向理想的境界，形成一定的价值取向，外化为具体的行为规范，并作为稳定的思维定式、倾向、态度，影响着文化演进过程，对人类活动起着规定性的或指令性的作用。不同时期的文化创造，总是受到特定价值体系的范导。从社会的运行到个体的行为，文化的各个层面都受到价值体系的内在制约。可以说，价值体系在文化中处于核心地位。价值体系在与文化的共同发展中，形成了独特的文化属性。在人类历史的长河中，这种文化属性既有高度的稳定性和凝聚力，又有极强的渗透力和持续力。价值体系的文化属性一旦形成，必然会长期地支配每个社会成员的思想和行为，使其产生归属感和认同感。②

文化分为物质文化、行为文化、制度文化和精神文化。社会主流精神文化构造人的社会性的核心品质。一个社会正常的文化生态，应该是多元文化围绕主流精神文化的和谐共生，多元文化虽然可以造就人的社会性的丰富，但是文化的多元及一元文化的多样性必须与社会主流文化相结合，构成文化生态平衡。主流精神文化的核心是主流意识形态和主导价值观的确立。社会主义核心价值体系正是社会意识形态的本质体现。社会主义核心价值体系包括四个方面的内容：马克思主义指导思想；中国特色社会主

---

① 参见宋增伟《制度公正与人性完善》，中国社会科学出版社2010年版，第184页。
② 杨建义：《论社会主义核心价值体系的文化属性和建设路径》，《福建师范大学学报》（哲学社会科学版）2008年第1期。

义共同理想；以爱国主义为核心的民族精神和以改革创新为核心的时代精神；社会主义荣辱观。这四个方面相互联系、相辅相成，构成一个有机整体，成为社会主义制度的内在精神和生命之魂，在所有社会主义价值目标中处于统摄和支配地位，以其"文化的力量深深熔铸在民族的生命力、创造力和凝聚力之中"①，赋予社会主义核心价值体系深厚的文化意蕴。社会主义核心价值体系集中体现了社会不同利益群体的共同理想、愿望和需求，蕴含着对人们崇高的精神信仰、理想目标、意义世界和行为规范的价值认同。

首先，马克思主义指导思想蕴含着对科学而崇高的人生信仰的价值认同。马克思主义指导思想是社会主义核心价值体系的灵魂。迄今为止，马克思主义是世界上唯一"以改造世界为己任"的科学理论体系。它深刻地揭示了人类历史的发展规律，体现促进社会进步和人类彻底解放的博大胸怀。

其次，中国特色社会主义共同理想蕴含对人民群众美好生活向往的价值认同。理想是一个国家和民族奋勇前进的精神动力。中国特色社会主义共同理想是社会主义核心价值体系的主题，这个共同理想就是在中国共产党的领导下，走中国特色社会主义道路，实现中华民族的伟大复兴。这个共同理想，既表明了人类社会发展的理想目标和进步方向，又代表着全国各族人民追求幸福和谐生活的美好愿望，它把党在社会主义初级阶段的目标、国家的发展、民族的振兴与个人的幸福紧密联系在一起，把各个阶层、各个群体的共同愿望有机地结合在一起，具有强大的感召力、亲和力和凝聚力。②

再次，以爱国主义为核心的民族精神和以改革创新为核心的时代精神是社会主义核心价值体系的精髓"蕴含着对中华民族心理归依与意义支撑的价值认同"。③ "在中国的文化传统里，西方意义上的宗教并不起十分重要的作用。中国人的安身立命之感来自民族精神及其哲学。民族精神的

---

① 《全面建设小康社会 开创中国特色社会主义事业新局面》，新华社，2002年11月17日。
② 孟涛：《社会主义核心价值体系与先进文化的关系》，《党政干部论坛》2009年第2期。
③ 梅萍、林更茂：《论社会主义核心价值体系与公民的价值认同》，《中川学刊》2009年第3期。

涣散意味着一个信仰体系的瓦解与生活意义的耗散。"① 在当今世界，文化与经济、政治相互交融，文化的力量深深熔铸在民族的生命力、创造力和凝聚力之中。文化的力量包括民族精神的力量。民族精神是民族文化的精华，民族精神是综合国力的重要标志。追求民族精神乃至人类文明精神的崇高境界，是一种民族精神之底蕴所在，是一种民族精神的潜力所在和魅力所在。英国历史学家汤因比在《人类文明的困境》一书中指出，人类物质文明愈发展，对正义、善良与美德的需要也愈为迫切，这样物质文明才能有益于人类社会……人类社会的心灵尚未发展到驾驭物质文明的水平，尤其是现今的道德状况比过去任何时代都要恶化。"必须发扬爱国主义精神，提高民族自尊心和民族自信心。否则我们就不可能建设社会主义，就会被种种资本主义势力所侵蚀腐化。"②

最后，社会主义荣辱观蕴含着对公民良好道德修养的价值认同。社会主义荣辱观是社会主义核心价值体系的基础。社会主义荣辱观，既有先进性的导向，又有广泛性的要求，贯穿社会生活各个领域，覆盖各个利益群体，涵盖了人生态度、社会风尚的方方面面。以"八荣八耻"为主要内容的社会主义荣辱观，旗帜鲜明地指出了在社会主义市场经济条件下，应当坚持和提倡什么、反对和抵制什么，为全体社会成员判断行为得失、做出道德选择、确定价值取向，提供了基本的价值准则和行为规范。

党的十八大报告强调社会主义核心价值体系是兴国之魂，决定着中国特色社会主义发展方向。要广泛开展理想信念教育，把广大人民团结凝聚在中国特色社会主义伟大旗帜之下。党的十八大报告第一次把"三个倡导"写入党的报告之中，即："倡导富强、民主、文明、和谐，倡导自由、平等、公正、法治，倡导爱国、敬业、诚信、友善，积极培育和践行社会主义核心价值观。"这一论述，向全党、全国人民提出了积极培育和践行社会主义核心价值观的新要求，标志着社会主义核心价值体系建设取得了新进展，对于进一步完善社会主义核心价值体系、坚持和发展中国特色社会主义、实现全面建成小康社会目标，具有重大而深

---

① 顾红亮：《民族精神与和谐社会的文化认同》，《华中科技大学学报》（社会科学版）2005年第3期。

② 《邓小平文选》第2卷，人民出版社1994年版，第369页。

远的意义。

"富强、民主、文明、和谐",是在中国特色社会主义道路上实现民族复兴伟大梦想的国家目标,也是全社会和全体中国人的价值追求,它体现了中国特色社会主义经济、政治、文化、社会、生态建设的使命要求,是对社会主义现代化追求的现实目标的价值理念认同。

"自由、平等、公正、法治",是马克思主义的社会理想,也是社会主义的价值理想,它体现了广大人民普遍追求的精神价值,也是对中国特色社会主义社会的价值理念认同。

"爱国、敬业、诚信、友善",是社会主义国家的公民应当树立的基本道德价值追求,也是公民基本道德规范的核心要求。爱国、敬业、诚信、友善,涵盖了社会主义公民道德行为各个环节,贯穿了社会公德、职业道德、家庭美德、个人品德各个方面,凝聚了中华民族传统美德、中国共产党人革命道德和社会主义新时期道德的精华。

总之,社会主义核心价值体系蕴含着崇高的价值理想和广泛的价值追求,为当代中国人的理想追求提供了发展的方向,人类发展的历史证明,价值观对于人们的思想行为具有重要的意义和作用,这种意义和作用甚至是决定性的。正确的价值观一旦形成,就会成为巨大的精神力量,转化成人们的行动,凝聚民心民意,指导人们的实践活动,转化成巨大的物质力量。① 我们应该积极探索利用社会主义核心价值体系引领社会思潮的有效途径,主动倡导主流精神文化,增强社会主义意识形态的吸引力和凝聚力,以营造一个全民积极向上的社会文化氛围。

2. 强化文化安全观念,建立健全文化安全预警机制

世界文化不可能闭关自守,文化要交流和发展,必须有一个通畅的渠道。现代媒体的发展,为文化的传播提供了庞大、高效的运作系统。但是,文化传播的商业化运作和产业化生存,极易产生低俗化、娱乐化、西化的倾向。我们必须树立警觉意识,强化文化安全观念,健全文化预警机制。

强化文化安全观念,健全文化预警机制要做到:在全球化背景下的市场经济体制中,文化产品的引进和生产,既要以市场为导向,又不能听任市场的盲目选择;既要讲经济效应,也要顾及社会和政治影响。坚持从我

---

① 王德军:《生存价值观探析》,社会科学文献出版社 2008 年版,第 277 页。

国国情出发,"以我为主,为我所用,辩证取舍,择善取之",积极吸收和借鉴国外文化发展的有益成果,更好地推动我国文化的发展繁荣。

建立起国家文化安全预警系统,就是要在对中国文化产业基本国情广泛调查分析的基础上,建立起全球化背景下的中国文化产业发展的安全"红线",尤其是早期报警系统。通过对国际市场文化商品的流动趋势及其以各种渠道影响和进入我国文化市场可能导致的对我国文化产业发展的威胁,特别是可能引发我国文化产业发展灾难性后果的不良趋势的分析,能够及时而准确地做出预告性和警示性反应,启动相应的国家机制,运用法律的、行政的、市场的和经济的以及其他的文化安全管理手段,对那些可能危及中国国家文化安全和文化产业发展的文化因素与文化力量进行鉴别。对符合中国国家文化利益和有助于中国文化产业发展的,表示认同,给予支持;对不符合甚至严重侵害中国国家文化利益,对民族文化产业构成严重威胁的,则予以坚决拒绝,并给予打击和抵制,从而把可能对中国文化生存与发展造成威胁,即对国家文化安全造成危机的因素和力量,牢牢控制在安全警戒的红线之下。[①]

保障国家文化安全,除了采取实施国家文化创新塑造先进文化、大力发展文化产业等从内部壮大自己的文化感召力、凝聚力和竞争力的措施之外,还需要有行政、法律法规、技术、人才等方面的强劲支持,建立起科学的国家文化安全预警系统和保护性屏障,力求防患于未然。因此,需要建立起国家文化安全预警系统,增强国家文化安全的预防性;参与国际文化技术标准的开发和制定,强化文化技术安全;加强国家文化安全法制建设,充分运用技术手段规范网络运行,为国家文化安全提供法制和技术保障;加强文化安全机构队伍建设,为国家文化安全提供组织和人才保障。

(三)优化网络环境

网络时代是一个改变人类生活方式、思维习惯和价值观念的时代。但是,网络又是一把"双刃剑",它对人们的负面效应是不可低估的。正如邓小平同志所指出的:"有的现象可能短期内看不出多大坏处,但是如果我们不及时注意和采取坚定的措施加以制止,而任其自由泛滥,就会影响

[①] 胡慧林:《国家文化安全:经济全球化背景下中国文化产业发展策论》,《学术月刊》2000年第2期。

更多的人走上邪路，后果就可能非常严重。"① 在无边无际的互联网上，各种思潮泥沙俱下，各种理念交织在一起，这些思潮、理念又在自由地传递着。爱因斯坦说过，"科学是一种强有力的工具。怎样用它，究竟是给人类带来幸福还是灾难，全取决于人自己"②。改善网络环境，使其"监管有力、规范有法、开发有效、使用有度"，从而影响每个人的思想乃至行为，提高生命道德教育的有效性。

1. 严格监控，净化网络环境

网络是一个信息的宝库，但同时也是一个信息的垃圾场。随着网络信息化进程的加快，垃圾信息越来越多地出现在网络中。净化网络信息，必须对网络及网络信息进行有效的监控，网络信息的监控就在于对信息的过滤、选择以及清除有害信息。有害信息是指网络中的虚假信息、色情信息、非法信息和破坏信息等，其危害国家安全和社会安定，扰乱公共秩序，侵犯他人的合法利益，破坏文化传统、伦理道德，影响青少年的身心健康，对人们贻害无穷。因此，应通过技术手段，监控信息源头，清除有害信息，以达到正本清源的目的。

首先，建立国家级网络"信息海关"。通过先进的技术手段解决网络监控的难题，严密监控和检测国际互联网入口源头信息，对所有进入我国的信息进行严格的"过滤"，采用最新网络安全技术，如防火墙，阻止外界对网络系统的非法访问；对系统的使用情况做跟踪记录，以备将来有据可查。同时，要采用最新的技术手段，对信息源及时跟踪、监视和破译，如利用监视器、密码破译等技术，将各种信息置于控制之中。

其次，设置"守门人"，加强对网络信息的监控与管理。"守门人"的概念源自库尔特·卢因所著关于如何决定家庭食物购买的一篇文章：一个家庭购买何种食物总是与"守门人"有关，如果他今天买的是青菜，那么今天的餐桌上只有青菜，家庭的成员也只能吃青菜。在网络空间，网络信息的传播总是通过特殊的"门槛"而进入某一台和某一组联网电脑的，选取什么样的信息进入则取决于"守门人"（网络管理员及网络媒体编辑等）的意见，"守门人"的重要性可见一斑。对网络信息进行道德过滤是"守门人"的重要职责。网络信息传播中的道德过滤，实际上就相

---

① 《邓小平文选》第3卷，人民出版社1993年版，第45页。
② 参见李伦《鼠标下的德性》，江西人民出版社2002年版，第5页。

当于为网络信息传播设置了多层的"守门人",有了这些"守门人",信息传播中大量存在的色情信息、诈骗信息、垃圾信息等就会减少和消除。

最后,实行网站分级制度。网站分级是为了判定网络的出口信息,保障网络信息安全。网站分级一方面可以封锁不良网站,另一方面也使那些高品质网站得到保护,可以促进优秀站点在网站级别上占领制高点,这样就能有效促进信息服务朝着一个健康的方面发展,走上良性循环的道路。

2. 网络舆情的调控

网络舆情,是指网络受众在网络领域通过网络语言和其他方式,围绕社会事务性的热点或普遍关注的议题所表达的情绪、态度和意见的集合。网络舆情是网络受众对现实生活中存在的问题和现象在网络空间的一种群体性社会心理反映,是网络言论和行为交互作用的产物。[①] 网络的开放性,为网络受众在互联网上发表言论、表达意见、参与社会事务提供了便利条件。网络受众通过新闻点评、BBS 论坛和博客等虚拟空间自由和匿名地发表言论,表达自己真实的观点,反映出自己的真实情绪。因而,网络舆情能够比较直接、客观地反映现实某些现象和问题的实质,比较真实地体现不同群体的价值诉求和心理状态。网络舆情往往是因为一个社会性热点、焦点或敏感性事件的发生得不到及时有效的疏导,在网络上以即时性和突发性的方式形成的。网络舆情的议题很广泛,社会方方面面的问题都可能成为网络议题。网络舆情既有积极健康的言论和情绪表达,也有消极、错误的言论及情绪表达。在网络上,网络受众的参与意识表现得都比较强烈,在现实生活中遇到挫折,对社会问题认识片面等,都有可能在网络上借题发挥,进行宣泄,一些负面信息和负面情绪的广泛传播容易形成交叉感染,甚至引发大规模的信息恐慌,例如关于自杀心态的网上交叉传染。近些年来出现的日本等地青少年网络集体自杀、中国出现的相约自杀"QQ 群"等新问题(维特效应、炭烧自杀等)就是实例。为了避免消极的网络舆情从网上蔓延到网下,造成现实生活中的恐慌,必须高度重视和加强对网络舆情的调控。

要进行网络舆情的调控,就要对网络舆情形成、发展和爆发的各个环节,有计划有目的地实施监测、分析、调整和控制。按照舆情发生的过程以及调控的时空,可以分为网下事前调控、网上调控、网下事后调控三种

---

① 郑永廷主编:《思想政治教育方法论》,高等教育出版社 2010 年版,第 201 页。

调控策略。网下事前调控策略，即防止网络舆情议题、言论进入网络的一种事前预防机制。实际上，网络舆情所表达的情绪、态度、观点，往往植根于现实社会，这些现实社会中的现象和问题进入网络之前，其影响或范围是有限的，比较容易控制和规制。因此，应建立网下社会舆情监控和预防体系，加强对现实社会舆情信息的收集和预测，尽量对有可能形成舆情的现象和问题，通过现实社会中各种有效途径加以引导和解决，让有关人员的诉求、情感、不满能够得到及时的释放，防止不良言论、信息进入网络。

采取网上调控策略，一是及时删除有可能形成不良网络舆情的信息，特别是要及时删除针对敏感问题的煽动性、挑拨性错误信息。二是密切跟踪有关热点、焦点问题信息的转载、传播、扩散，及时把握网络舆情走向。三是主动引导、调控信息，加强对偏激信息的矫正，注重对聚集言论的分析，强化主流信息引导力度，使之形成积极向上的网络舆情。

对网络舆情即将或已经转化为现实行为的，一定要采取有针对性的网下调控策略，及时监控网络舆情转化为网下行动的时间、地点、方式、规模以及进程信息，采取有效的调控措施，做好善后工作，避免形成新的不良网下舆情。

3. 网络法规建设

网络不是也从来没有成为完全独立的社会，更不是一个不受现实中的法律、警察和军队约束的独立王国。法律作为一种专门化的、覆盖面极广的、最具效力和强制性的社会控制工具，仍是化解和解决网络社会问题的一种最主要和最重要的手段。

目前，无论是发达国家还是发展中国家，凡是运用互联网的都颁布了相应的法律法规，如欧盟制定的《过滤软件法》、美国制定的《信息净化法》、新加坡制定的《INTERNETGLI 管理体系》等。在国外，网络安全立法工作已逐渐普及。

当前，我国的网络立法工作还处于起步阶段，但已取得了一些进展。自 1994 年以来，我国政府已经颁布实施了一系列有关计算机及国际互联网的法规、部门规章或条例。如《中华人民共和国计算机信息系统保护条例》《中华人民共和国计算机信息网络国际互联网入口通道管理办法》《中国公用计算机互联网管理办法》《互联网电子公告服务管理规定》《高等学校计算机网络电子公告服务管理规定》《全国青少年网络文明公约》

《公共场所上网管理条例》以及国家保密局发布的《计算机信息系统国际互联网保密管理规定》等。我们必须加强网络法规立法，使其得以完善。我们不但要制定管理性的法律规范，制定能够促进信息技术和信息产业健康发展的相关法律法规，还要建立并完善信息网络安全保障体系的法律法规以及能够有效防止有害信息通过互联网传播的管理机制，同时，还要大力加强国际交流与合作，积极参与国际信息网络规则的制定。现代科技发展方兴未艾，关于网络的法规应随之不断更新。网络立法必须坚持一个原则，即把一般立法原则和网络社会特殊立法原则结合起来，把现实性原则与超现实性原则结合起来。应根据现实需要，对已有的法律法规进行修改、补充、完善，制定有关互联网的法律法规，主要包括网上信息的发布规范、信息审查和监督条例、互联网犯罪惩处等。只有制定统一的法律法规，才能对信息机构设置、经营服务等问题，做出明确而具体的规定，真正做到网络管理"有法可依、有法必依、执法必严、违法必究"①。

4. 加强自律，进行网络自我教育

如同现实社会一样，网络社会同样需要道德建设和法律建设并重。正如斯皮内洛所阐述的："法律与道德并不总是吻合的，法律的强制性条款并不必然地为信息技术中复杂的道德问题提供充分的指导方针。法律在本质上是反应性的，法律与法规很少能预见问题或可能的不平等，而是对已经出现的问题做出反应，通常，反映的方法又是极为缓慢的。"② 就某些问题来说，法律体系反应太慢，尤其是在法律解释不了时，或者法律滞后于技术的发展时，更是如此。因此，加强人们的自律意识，保持"慎独"，进行网络自我教育刻不容缓。

进行网络自我教育，要求自我教育主体在网络领域，必须同时具有主体性与自律性。在网络领域中，由于网络所固有的隐蔽性和符号化，以及网络主体活动的自由性，加上网络领域的信息良莠不齐，选择信息的支配权和决定权完全在于网络受众自身。因此，要有效地实施网络自我教育，网络受众的自律性是关键。在网络信息活动中，网络受众自律性的形成不是自发的，而是依靠教育、引导和指导而形成和发展起来的。要培养网络受众明辨是非的能力、信息选择的能力、抵制各种诱惑的能力，使他们养

---

① 《江泽民文选》第3卷，人民出版社2006年版，第555页。
② [美] 斯皮内洛：《世纪道德：信息技术的伦理方面》，中央编译出版社1999年版。

成良好的道德习惯而不违背社会道德文明，能够做到自重、自爱、自律，文明上网。

建立良好的生命道德教育网络环境是一项系统工程，不但要在技术、制度、体制上进行配套，同时也需要政府、社会、学校和受教育者的配合及努力。由于网络环境的开放以及网络技术更新的快捷，这项工作不可能立刻见效、一蹴而就，需要我们做长期的、连续的、耐心细致的工作，我们必须努力在教育实践中优化网络环境，提升实践的效果。"环境的改变和人的活动或自我改变的一致，只能被看作是并合理地理解为革命的实践。"① 我们应该相信，只要我们勇于实践，坚持创新，努力弘扬并践行社会主义先进文化，就一定能创造一个健康和谐的网络环境。

二　微观环境方面

（一）优化家庭教育环境

教育始于家庭，家庭教育是教育过程中最基本的教育，是一种生活教育，是一个人的思想形成、智力发展、品格形成的重要阶段。特别是早期教育，起着学校和社会教育都难以起到的奠基作用。家庭教育是教育整体中的有机组成部分，是学校教育和社会教育的基础和补充。青少年成长中的许多做人的道理并不是从课堂上学会的，而是在生活中受到家人的影响，耳濡目染、潜移默化，逐渐形成自己的个性品质。在人生的任何时期，个体都在不断接受来自家庭的生活习惯、道德规范、知识技能、价值观念的影响，从而适应整个社会。

英国著名的哲学家、社会学家、教育家斯宾塞在《教育论》一书中，针对当时英国家长在教育孩子时只凭本能、靠感觉而不学习教育子女的科学知识的情况，非常严肃、尖锐地指出："如果一个商人毫无算术和簿计的知识就开始经商，我们只会说他是瞎干，而且他要得到惨痛的后果。如果一个人没有学过解剖学就开始进行外科手术，我们会对他的大胆感到惊讶，同时也会可怜他的病人。但是，很多父母还没有认识到什么是父母时就已经为人父母了，而且他们一点也不感到责任重大，就好像一个什么也不懂的人驾驶着名贵跑车在大街上横冲直撞。""还有很多家长不知道，

---

① 《马克思恩格斯选集》第1卷，人民出版社2012年版，第134页。

对于社会而言,最重要的工作就是抚养和教育孩子。在学校如此,在家庭中更是如此。因为家庭是教育孩子的第一站,也是最重要的一站,家庭更多地影响和决定人们的性格和职业生涯。教育孩子是这个世界上最伟大、最重要的工作,任何事业上的提升和尊严都不能与它相比。"① 从一定意义上来看,教育就是一项生命智慧传承和生命塑造的工程,家长就是孩子的人生的导师。这既是家长的权利,也是每个家长义不容辞的责任和义务。家庭教育,最重要的是营造良好的家庭氛围,优化家庭环境。

营造良好的家庭氛围,关键在于以有利于子女身心发展为前提,量力而行,适可而止地提供一定的家庭物质条件;更重要的是,需要创造一个融洽、和谐、愉快、民主、平等的家庭精神氛围。正如习近平总书记在2016年12月12日出席第一届全国文明家庭表彰大会时强调的,"家庭是社会的细胞。家庭和睦则社会安定,家庭幸福则社会祥和,家庭文明则社会文明。我们要认识到,千家万户都好,国家才能好,民族才能好"②。

首先,家长要教育好自己,以良好的品德塑造子女。家庭是青少年早期的学校,家庭教育具有长期性和持久性的特点。一个人出生后,就开始接受家庭文化、习惯等的影响,特别是青少年阶段,绝大部分时间在家庭中度过。社会学习理论告诉我们,青少年是通过模仿来习得行为的。家庭成员的兴趣爱好、个性品质甚至生活习惯都时刻在影响子女的成长,甚至贯穿其一生。"世界上没有不好的孩子,只有不好的教育。"父母作为孩子的第一任老师,作为孩子生命的守护神,应该认识到孩子的命运就掌握在自己手中,自己的一言一行都在影响着自己的下一代,对孩子的教育方式甚至会影响孩子的一生。父母的教育理念、教育内容及自我的修养对孩子都会产生重大的影响。所以,现代社会中的父母,在成为孩子人生中最重要的首任老师时,必须先教育好自己,在生活上追求上进,在道德上追求完善,在言行上追求一致,使自己成为一个对生活充满阳光、对未来充满信心、对他人充满爱心及对社会充满责任心的人,使自己成为孩子一生中最好的引导者和人生榜样,以良好的品德塑造子女。家长要不断提高自身的思想道德素质,通过言传身教,把社会的道德准则、自己良好的品德

---

① [英]赫·斯宾塞:《教育论》,胡毅译,人民教育出版社1962年版。
② 习近平:《动员社会各界广泛参与家庭文明建设 推动形成社会主义家庭文明新风尚》,《人民日报》2016年12月13日。

和人格传给孩子,"引导他们有做人的气节和骨气,帮助他们形成美好心灵,促使他们健康成长,长大后成为对国家和人民有用的人。广大家庭都要重言传、重身教,教知识、育品德,帮助孩子扣好人生的第一粒扣子,迈好人生的第一个台阶"①。家长要保持稳定的情绪,与人为善、富有同情心、和蔼可亲,这对孩子从小形成一种健康的情感是很有益处的,在这种精神气氛中成长起来的孩子一般都稳重沉着,对发生在身边的意外事件能以正确的心理状态对待,宠辱不惊、应变能力强。家长还应具备坚强的性格,敢于面对困难,善于动脑去解决问题,这对形成孩子坚强的个性、勇于战胜挫折的心理是十分必要的。家长要有关爱生命的理念和情怀,也就是说,家长要让孩子知道人的生命是一种责任,人活着就得承担责任。生命与责任的关系,犹如血与肉的关系,两者是不可分开的,是交融的。每个人都拥有生命的权利,也拥有生命的责任。任何人不得剥夺别人的生命权。有的人,对于生命没有责任感,既不珍爱自己的生命,也不珍爱他人的生命,明知会发生丢失生命之严重后果的事,他也敢做,死也无所畏惧。"死都不怕还怕什么呢?""死都不怕还有什么事不敢做呢?"甚至认为死是解脱。因而,在践踏别人生命的时候,他也践踏了自己的生命,甚至抛弃自己的生命。任何践踏生命的行为都是不可宽恕的行为,纵然抛弃自己的生命也没有理由毁灭别人的生命。只有当生命承载了责任的时候,生命才有了内涵,才有了厚重感,才有可能辉煌与不朽,而当生命失去责任的时候,那生命就会黯然失色,形同死灰,永无光泽可言。因而,任何人都应履行自己应尽的生命责任,在珍惜、保护自己生命的同时,也有责任珍惜和爱护他人的生命。

其次,创造民主、宽松、和谐的家庭环境,构建亲子间的平等民主关系。家长应为孩子创造一个良好的生活、学习环境。孩子的生活、学习离不开家庭,每个家庭因经济水平差异各有不同,但让孩子生活在一个环境舒适、干净、宁静的家庭中是每个家庭都应该努力做到的。在家庭设施布置中还要尽可能给孩子留出独立学习的空间。对孩子限制太多,也对孩子的成长不利。

"现代家庭伦理中最重要的应该是承认个体独立性基础上的家庭成员

---

① 习近平:《动员社会各界广泛参与家庭文明建设 推动形成社会主义家庭文明新风尚》,《人民日报》2016年12月13日。

间的相互平等、彼此宽容、互敬互爱。"① 现代家庭伦理建立在个体独立、自由和平等的基础上,强调承认与尊重每个个体成员的个性,因而现代家庭关系应该是一种交互主体性关系,家庭成员之间彼此相互尊重、相互理解,家庭人际关系越来越呈现平等、民主化趋势,教育尽可能尊重和满足每个成员的需要和利益。过去单向灌输、强行塑造的教育观念应当转变为平等交流、沟通与互动的教育观念,给孩子创造一个民主、宽松、和谐的家庭环境。没有和谐民主的亲子关系,家庭成员之间就不可能进行顺畅深入的交流,家长也不能很好地完成对孩子的道德教育。在民主型的家庭中,父母与子女以平等的方式交往,对子女既是保护者,又是知心朋友;既尊重子女的主动性和独立性,又对子女施以必要的教育和引导,充满关心和爱护。民主型家长给予孩子发展兴趣和爱好的自由,能经常与孩子交流对各种事物的看法,常常对孩子表示信任、理解与尊重,从不吝啬自己的表扬。孩子在这样的气氛中,容易发挥自身的潜能,从而成为具有创造意识、活泼、开朗的人。

(二) 优化学校环境

学校环境是无形的教育、无字的教科书。通过学校的环境对学生进行生命教育,在教学中称为"隐形教育"。营造校园生命道德教育环境,主要要从精神文化环境与物质文化环境两个方面进行。

1. 精神文化环境

这里主要从校风、学风、教风建设和教师的人格力量建设来说明。

首先,要优化学校的校风、学风和教风。校风,是一个学校的全体教职员工为了达到教育目标和提升学校的发展,表现出来的相同或类似的心理行为状态,这种心理行为状态比较稳定。校风既是无形的,又是有形的,它是校园之魂。校风体现一个学校的精神状态,良好的校风能够使人奋发向上、百折不挠、自强不息,差的校风则会使人精神萎靡、不思进取。校风形成以后,只要没有特别大的影响使之发生质的变化,就会长时间地保持下去。校风的实质是一种心理的默契,是靠集体的氛围影响每个成员,使教职员工自觉或不自觉地接受熏陶,在潜移默化中形成共同的思想行为方式。个人的价值观、理想信念、学习和生活的态度都会受到校风

---

① 李靖:《重构中国以人为本的家庭伦理》,《中共杭州市委党校学报》2004年第3期。

的影响，这种心理动力，有时大过权威的命令，它能够在没有外力的情况下使教职员工自觉地调整自己的行为，少数与集体行为方式相悖的人则会受到制约、受到谴责，难以在这个集体中愉快地生活、工作和学习。校风具有一定的可塑性，建设良好的校风，要有一致的正确的舆论，对好人好事进行鼓励，树立为榜样加以发扬；对坏人坏事进行批评，及时加以纠正，通过暗示、认同等心理机制，使个别不良行为向好的方面转变。

所谓"学风"，最早源于《礼记·中庸》，意思是广泛地加以学习，详细地加以求教，谨慎地加以思考，踏实地加以实践，它十分精辟地概括了学习的方法、态度和规律。① 学风是学校的生命线，它是一种氛围也是一种群体性行为，它会使学生感到一种压力，产生紧迫感。同时，它会给予学生学习的动力，还有利于培养学生正确的学习态度、刻苦的学习精神、坚强的学习意志、严格的学习纪律、健康的学习动机。② 加强学风建设是促进学生健康成长的需要。对于一个人来说，在学校的这一段时间是智力发育的高峰期，是世界观、人生观、价值观形成的关键时期，也是养成良好生活习惯、综合素质和能力得以全面提高的黄金时期。而这一切，离不开良好学风的建设。一个学校如果没有良好的学风、自由开放的学术风气、实事求是的科学态度以及严谨的治学精神是培养不出高素质的学生来的。学风不仅会使人在学校受到影响，更会使人的一生受到影响。譬如，有着坚忍不拔学习意志的人，在以后遇到逆境时，这种意志力会帮助他乐观向上，百折不挠，积极进取，到达成功的彼岸。

教风，是教师教学工作的特点和作风。它是"三风"建设的基础，是教师的职业道德、专业知识水平、教学方法、教学技能等基础要素的综合表现，反映了教师集体的精神风貌与工作风貌，是教师整体素质的体现。③ 教风是联系学风和校风的纽带，会对教学工作产生巨大的推动作用。教风的建设很大程度上决定着校风的状况，教风的好坏在一定程度上也决定着学风的好坏，好的教风能够带出好的学风。通过规章制度，将优良的教风固定为教师共同遵守的准则，以此制约教师的言行，判断其对错，评价其价值。这是教风约束力的制约作用与调节作用。学风、教风、

---

① 张秀清等：《大学和谐文化建设研究》，山东大学出版社2008年版，第95页。
② 同上书，第96页。
③ 同上书，第97页。

校风的建设是一个相互协调、相互影响的过程,是精神文化环境建设的重要方面。

其次,教师的人格力量建设。教师担负着教书育人的神圣责任,是知识的化身,是智慧的源泉,是道德的典范,是人格的楷模,是先进思想文化的传播者,是莘莘学子可靠的引路人。作为一个特殊的群体,其道德水平高低与民族的存亡、国家的命运息息相关。中国有句古话,叫作"不能正己,焉能正人",说明了为人师表的重要性。江泽民同志也曾指出:"老师作为'人类灵魂的工程师'不仅要教好书,还要育好人,各方面都要为人师表。"[①] 作为教师,应该全面关心学生的生命成长,言传身教,以自己的人格力量影响学生。费希特说过,"他(要)使求学者们铭记对于科学的尊重;如果他不把教诲他们的这种深深的尊重表现在他自己的全部生活中,他们就不会相信他。他将让这种尊重充满他们最内在的心灵;他不但要言传,而且还要身教;他要把一种原则给予他们,作为他们的全部生命的向导,但愿他是这种原则的活生生的榜样和持续不断的说明"。[②] 一个积极乐观、富有爱心和责任心的教师本身就能够成为学生的朋友和榜样,激励学生热爱生命,挑战困难,战胜不幸。"本真的教育是生命间的对话,按照雅斯贝尔斯的说法,是人与精神相契合,是人对人的主体间的灵肉交流活动,并非知识的堆积。教育不是知者带动无知者,教师不是学生知识的最大供应者,学生也不是装载知识的容器。教育是生命间的活动,是用一个智慧生命开启许多智慧的生命,用一个心灵唤醒许多心灵,用一种人格去影响他人人格,用一种热情去温暖许多生命。"[③] 另外,学生也要关心尊重老师,理解老师,体会老师的辛苦,与老师情感相通,生命相系。

2. 物质文化环境

物质文化环境,一般包括校园建筑、校容、校貌、教育教学设施等。它是整个校园文化环境的载体和物质标志,是实施生命道德教育、环境育人的物质基础。物质文化环境对培养学生的情操、品德具有不可替代的作用。可以为学生的成长创造良好的氛围,达到环境育人的目的。物质文化

---

① 《江泽民文选》第 2 卷,人民出版社 2006 年版,第 588 页。

② 丁永为:《费希特论大学师生关系的人学基础》,《宁波大学学报》(教育科学版) 2008 年第 2 期。

③ 冯建军等:《生命化教育》,教育科学出版社 2007 年版,第 232 页。

环境建设自古以来就受到人们的重视。清代学者纪昀的《历代职官表国子监表》就有记载："周人立辟雍于中，而以四代之学环建于外；南为成均，北为上庠，东为东序，西为瞽宗，是为五学。"宋代兴起的书院讲学，可以说是我国古代大学教育的典范。我国古代四大著名书院之岳麓书院的斋舍及藏书楼，建筑精美，环境幽雅。教育家朱熹来此讲学时，学生达数千人，史载"惟楚有才，于斯为盛"[1]。在强调身体和心理同步健康发展的今天，为学生营造良好的校园环境已成为学校管理者最紧迫的任务之一。

以大学为例，理想的校园环境所应体现出的，是结合学校的自然环境以及人文背景，通过艺术语言的运用，将大学精神艺术地镶嵌于环境的载体中，营造出大学作为科学殿堂的神圣、崇高且震撼人心的科学美，与所居环境相和谐的自然美，凸显丰富想象力和创造力的艺术美。[2] 使学生在美的空间里不断获得高尚精神的给养，"其入人也深，其化人也速"。大学生思想活跃，情绪波动大，他们一方面排斥权威，拒绝灌输，自主意识较强；另一方面他们也需要抒发情感，寻找精神安慰，以缓解内心的矛盾冲突。对大学生进行生命道德教育，正确途径的确立非常重要。校园物质环境承载着大学文化精神，通过环境育人，使大学生去体会校园环境中蕴含着的文化气息，陶冶情操，加深生命的体验，构建完善的个性。

学校处处都可以进行教育，校园环境就是一种了不起的无形教育力。学校管理者在管理实践中应有明确的意识，加强学校物质文化环境建设。如何确定主题，进行文化建设、主色调定位？大厅、走廊文化氛围如何营造？园景小区如何进行主题定位和文化营造？怎样根据不同功能进行楼宇命名、道路命名？如何进行文化墙、水景、石景、雕塑、广场、节点景观的具体建设……这些都是学校环境文化建设需要关注的重要环节。学校建设环境文化应该是有章可循的，应该按照一定的视觉流线进行个性化、规范性和统一性的规划设计，营造气息浓郁、底蕴丰厚、主题鲜明、特色突出的环境文化。优美的校园环境往往超越了自然美，赋予有限的形象以无限的意境。如在校园内树立有关生命的名人名言语录牌；在橱窗内展出有关生命道德的内容；在校园网中建设有关生命道德教育的网站；在校园电

---

[1] 参见张秀清等《大学和谐文化建设研究》，山东大学出版社2008年版，第47页。
[2] 同上书，第45页。

视台、广播台播映有关生命道德教育的内容。校园环境的建设还可以借鉴古代书院人文气息浓郁的设置布局，"借山光以悦人性，假湖水以静心情"，使学生获超然世外之感，在万籁俱寂之中悟通归真。即使一棵绿树、一片草坪、一块山石，每一个园林小品都要精心安排，充满人文气息，充满生活情趣，充满生命力量，使自然、建筑、景观与人巧妙地融为一体，通过耳濡目染来陶冶情操、完善人格、发展生命。学生在欣赏的同时，还能感受文化、感受社会、感悟人生、体验生活，同时努力提高自身各方面的素质，适应时代的发展。另外，校园中的一草一木以及各种小动物都是生命，都可以巧妙利用，为营造充满生命气息的校园环境服务。学生生活在充满生命气息的校园中，自然就会热爱生命、关心生命、敬畏生命。

（三）优化社区环境

城市化是在人类社会进入工业化之后形成、产生的，"自然社区"和田园生活被工业化、城市化破坏，迫使一部分人再次进入不稳定的流动状态。在"陌生人社会"中生活时，由于没有可以依靠的社会关系（血缘、亲缘）和社会支持，他们深深地感受到失落、隔绝和无助，人们渴望恢复昔日自然社区的友爱、温馨、沟通、支持和互助。

社区的人们生活在一个既定的地域范围之内，是为生活而聚集到一起的，他们需要服务，这里的服务，既包括服务的设施（硬件），也包括服务的内容（软件）。"硬件"，即社区的物理环境，包括自然环境、人工建筑及服务设施等物质层次的"硬"环境；"软件"，即社区的人文环境，主要是社区中的人际关系、文化氛围及安全、健康等精神层次的"软"环境。可以说，人居环境的改善，就是对社区物理环境和人文环境整体营造的过程。优化社区环境，首先要建立安定的社会生活秩序，加强社区治安，开展创建安全文明小区活动，开展形式多样的宣传活动，形成居民广泛参与社会治安的意识。其次，形成一种良好的社区风气，形成一种可以代代相传、融入社区成员生活方式中的文化氛围，这可以通过加强社区文化教育，丰富居民文化生活等措施进行。具体就是要在每个小区建有一至两处供居民寓教于乐的室外活动场所，建有固定的读报栏和宣传栏；扩大社区图书阅览室的规模，尽可能地满足社区成员的文化阅览需求。对于青少年来说，为他们挑选具有较强教育性、知识性和可读性的有关生命道德教育的读物，以满足青少年的不同需求。要加强社区科普的宣传教育，教育居民及青少年热爱生命。开展有益身心健康的群众体育健身活动比赛，积极推进"全民健身计划",不断增强居民体质和生活质量。再次,建立良好的人际交往,改变邻居之间老死不相往来的情形,使人们对社区由产生依赖而发展出一种"认同感",同心同德、互助互济、共生共存,同时为青少年的人际交往创造良好的条件,发挥同辈群体的影响力。最后,美化社区环境。要广泛发动社区单位及居民,积极开展绿化、美化环境活动,而且,要积极鼓励中小学生和社区青年投身到净化家园的行动中,形成美好生活环境大家建的格局,提高自己的主人翁地位和责任感。

(四)优化群体环境

主要是优化青少年同辈群体环境。同辈群体对人们的影响是不可低估的,尤其是其消极的一面,如果不通过正确的认识加以引导和控制,就会造成青少年的逆向发展和成长。因此要充分掌握青少年同辈群体作用的规律,最大限度地发挥其积极作用,限制其消极作用。努力构建青少年同辈群体的良性互动机制。

首先,重视同辈群体对青少年成长和社会化的影响。家庭、学校、社会要对同辈群体给予足够的重视与引导,鼓励他们积极交流,帮助他们树立正确的交往意识、群体意识和道德判断能力;利用同辈群体间所认同的价值观念、行为方式可以快速流行的规律,引导他们接受为社会所认同的主流文化和观念。

其次,满足青少年的合理要求,减少同辈群体的不良影响。青少年因为孤独、无聊,在正式群体中无法满足自身的需求而会转向青少年同辈群体。因此,要加强与青少年的交流与沟通,同时努力建立各种能满足青少年要求的、积极向上的群体来吸引青少年。自杀行为无论对青少年还是其他年龄段的人来说都是很复杂的,引起这一结果的因素有很多,因此,我们不能把青少年自杀行为看得过于简单。不过,我们还是经常能发现具有自杀倾向的青少年,存在的问题主要是同其他重要的人之间的关系存在缺陷或者改变,如同其父母或其他家庭成员、同龄人、同学或者同事;为了合群而存在潜在压力;处理问题时没有经验等。所有这些因素都与没有有效沟通、缺乏应对技巧以及在成长阶段的青少年的其他问题有关。

最后,克服网络同辈群体存在的不足。针对网络同辈群体交往的特点和内容,一方面要鼓励他们从网络上获取更多有益的信息,自觉抵御不良垃圾信息;另一方面要引导他们认识到虚拟的网络环境与现实的不同,注重与现实的交往与参与。

第五章　生命道德教育的方法与载体

第一节　生命道德教育方法的创设及运用

生命道德教育，旨在引导人们认识生命的意义与价值，正确运用多种具体的教育方法，是保证生命道德教育实际效果的基本要求与合理路径。

一　生命道德教育方法的含义

(一) 生命道德教育方法的内涵

"方法"一词，古已有之。《墨子·天志中》云："中吾距者谓之方，不中吾距者谓之不方，是以方与不方，皆可得而知之。此其故何？则方法明也。"这里，墨子所说的方法指的是测定规矩之法。通常我们认为，所谓方法，就是在认识世界和改造世界的过程中，人们为了达到预期目的所采用的手段或方式。人们要认识世界和改造世界，必须从事一系列思维和实践活动，这些活动所采用的各种方式，包括步骤、程序、格式等，统称为方法。列宁在《哲学笔记》中摘录过黑格尔《逻辑学》里的一段话："在探索的认识中，方法也就是工具，是在主体方面的某个手段，主体方面通过这个手段和客体相联系。"[①] 所以，方法是知识工具，是联系主体、客体和各种实体的关系因素、中介因素，是在活动中才存在的动态因素，活动停止，方法也就消失。

方法虽然不是实体工具或实体因素，但任何方法都不是人们随意制定的，更不是所谓心灵的"自由创造"，它只能来自对象的内容，来自对象自身的运动规律。世界上的事物千差万别，各有其矛盾的特殊性。不仅宏观世界不同于微观世界，自然界不同于人类社会，而且在同一领域的各个对象，在质与量上也相互区别。面对千姿百态、各有特点的对象，不能采

---

① 《列宁全集》第55卷，人民出版社1990年版，第189页。

取千篇一律的方法，必须针对不同的对象采取不同的方法。

教育方法，是指在一定的教育思想指导下形成的实现其教育思想的策略性途径。包括教育者直接指向教育内容的教学方法、被教育者学习方法指导以及学前教育和家庭教育的方法。教育方法是教育客观规律和原则的反映和具体体现，正确地运用各种教育方法，对提高教学质量、实现教育目的、完成教育任务具有重要的意义。

生命道德教育方法，就是教育者为了实现教育目标、传递教育内容，对受教育者进行生命道德教育所采取的方法和手段的总和。生命道德教育方法从形式上看是主观的，因为它是教育者与受教育者为了实现一定教育目的而制定或采用的。但是，教育方法从内容上看又是客观的，因为教育者和受教育者的教育目的不是凭空产生的，而是由教育者和受教育者所处的客观条件与时代特点决定的，即教育方法要受客观因素、时代内容制约。因此，进行生命道德教育不仅要采用一定的方法，也要发展、创造一定的方法。

(二) 生命道德教育方法的特性

1. 针对性

针对性就是从实际出发，有的放矢，用不同的方法完成不同的任务、解决不同的问题。方法服务于教育的目的，是和教育任务相关的。目的不同、任务不同，方法也应该不同。方法是连接主体与客体的桥梁与纽带，随着主、客体的变化而相应地发生变化。俗话说"一把钥匙解一把锁"，选择方法必须注意针对性，根据不同的教育任务、教育对象，选择不同的教育方式方法，即"对症下药"。生命道德教育方法的针对性，其实质是要求方法的运用合乎生命道德教育过程的客观规律，合乎人的生命道德形成发展的客观规律。针对教育对象的具体特点选择方法。教育对象有个体和群体之分，也有年龄、职业、性别、民族等区别。在选择生命道德教育方法时，这些因素都要考虑进去。对个人进行教育，必须考虑教育对象的文化知识状况、个人经历、家庭环境、个性特点等。比如：教育对象的性格不同，有的豪爽，有的细腻；有的活泼热情，有的孤僻冷淡等等。方法的选择和运用只能因人而异、因人制宜。

2. 创造性

方法是人类思维活动的产物，和人的思维方式向关联，以特定的思维结构、思维方式为基础，随着人的思维方式的变化而变化，从而保持其既相对稳定而又不断发展的终身体系。方法的创造性发展，是人的认识能力、实践能力得到发展的具体体现。生命道德教育方法的创设和发展，是在比较、借鉴的基础上总结和探索新的教育方法。

生命道德教育方法的创造性，是保证生命道德教育效果的重要条件。科学的生命道德教育方法是生命道德教育规律的体现，生命道德教育作为人类的一种实践活动，以人的思想活动为其工作对象、实践领域，较之一般的实践活动更具有特殊性和复杂性。因此，对方法选择运用的创造性要求更高。而且现代社会影响人们思想观念的因素又多、又复杂、变化又快，生命道德教育作为一种新的道德教育形式，不能指望依靠过去的经验与现成的方法解决全部问题，必须与时俱进，进行方法的创新，才能为生命道德教育获得实效提供条件和保证。如果不能对方法进行科学的选择，生命道德教育就有可能事倍功半，甚至劳而无获；如果不根据当前的形势与变化的对象，机械地采用已有的方法甚至错误的方法，不但保证不了生命道德教育的效果，甚至会造成严重的后果。因此，始终保持生命道德教育方法的创造性，是不断增强生命道德教育有效性的关键因素。

二 生命道德教育方法的创设及运用

改革开放30多年来，中国初步建立了社会主义市场经济体制，形成了所有制多元化的格局。市场经济使社会环境变化剧烈，既带来了很多的机遇，也带来许多挑战，使人们的心理活动较以往任何时期都更加复杂，影响心理健康的因素越来越多。竞争的加剧，生活节奏的加快，东西文化的碰撞，价值观念的冲突，贫富差距的拉大，利益格局的调整，造成了一些人的心理失衡。对环境变化适应不良而出现的各种困惑、迷茫和不安在增加。一些人感到很不适应，出现了寂寞、空虚、焦虑不安、缺乏安全感等心理反应。有些人甚至出现自杀、残害他人及他类生命等极端行为。生命意识的现状令人担忧。

生命道德教育是当今道德教育理论界探讨的一个重要话题，也是道德教育理论研究的新视野。方法，作为联系主、客体的中介，是一个不断发展的开放系统，应根据时代发展的要求和客观对象的特点不断探索新方式、新手段和新机制，合理地选用恰当的教育方法，直接关系到生命道德教育的效果。因而，这里选取了一些方法进行探索、分析，以便改善当前生命道德教育的现状，从方法论这一领域弥补生命道德教育的不足，为生命道德教育提供有力的支撑。

(一) 价值澄清引导法

"价值澄清"（Values Clarification）理论，兴盛于 20 世纪六七十年代，对西方国家和我国的道德教育理论发展产生了深远的影响。其代表人物有路易·拉斯思（Louise Raths）、梅里尔·哈明（Merrill Harmin）等。他们针对美国儿童在多元社会中必须面对多种选择，提出了"价值澄清的理论假设"。它的核心思想是：人们处于充满相互冲突的价值观的社会中，这些价值观深刻影响着人们的身心发展，而现实生活中根本就没有一套公认的道德原则或价值观。根据这一假设，价值澄清学派认为，教师不能把价值观直接教给学生，而只能通过分析评价等方法，帮助学生形成适合本人的价值观体系。所以，价值澄清理论更多地表现为方法。这一方法是个体通过选择评价和行动的过程，反省自己的生活、目标、感情、需求和过去的经验，最终发现自己价值观的一种方法。价值澄清法的最大特点是把学生放在主体性的地位上，充分调动学生的积极性和主动性，通过自己的思考和分析，判断与评价自己和他人的行为，最终做出正确的选择。[①] 价值澄清法贴近学生生活，注重个体的判断和选择，使学生愉悦地获得教育，这些优点值得肯定。但是，这种方法的缺点也是比较明显的。一是过分强调价值观形成的个体性和主观性，把相对主义价值观作为基础，把个人的活动和经验作为确定价值观的标准，否定社会的主导价值标准，其结果必然导致社会成员各行其是；二是过于突出道德教育的形式，忽视道德教育的具体内容和要求，忽视道德行为的培养和训练，很容易使学生产生误解，认为个人可以随意地选择任意一种价值观，形成自以为是的极端个人主义思想，更容易导致形式主义。目前，在我国主流价值观尚未形成的条件下，培养学生的价值澄清和选择能力非常必要，这就要求我们要有正确的导向。因此，必须加强对学生的引导。生命是宝贵的，我们不能等闲视之。在生命道德教育中运用价值澄清法，要注意以下两个要点。

首先要关注现实生活，培养个体生命道德判断选择能力。运用价值澄清法时，需要我们从学生的现实生活出发。拉斯思曾经说过，"我们不是求助于百科全书或教科书获得价值观，我们对评价过程的界定说明了这一

---

① 刘济良等：《价值观教育》，教育科学出版社 2007 年版，第 242 页。

点。人们必须自己珍爱、自己选择并把这种选择统合到自己的生活方式中去。书本上的知识无法传递价值观的这种性质。价值观源于生活本身的变化"。①

这就要求我们从学生的现实生活出发,合理安排教育内容,提高学生的积极性,让学生养成良好的行为习惯,澄清学生的生命价值观,允许他们在自由判断、评价的基础上自由选择。值得注意的是,虽然价值澄清法反对向学生灌输特定的价值观,但这并不等于对学生价值观的形成放任自流,忽略教师的作用。相反,应该加强教师的指导作用,教师应该教给学生价值澄清和选择的标准,培养他们判断、选择与评价的能力,并适时进行引导,克服西方价值澄清法的弊端。

其次是注意引导学生树立正确的生命价值观。我们允许并鼓励学生自由选择,但并不是意味着彻底不管。价值观对人们的思考与行为具有指导作用。胡锦涛同志在庆祝清华大学建校100周年大会上希望同学们把文化知识学习和思想品德修养紧密结合起来,要积极加强自身思想品德修养,认真学习中国特色社会主义理论体系,牢固树立正确的世界观、人生观、价值观,牢牢把握人生正确航向,把个人成长、成才融入祖国和人民的伟大事业之中。但是,许多人并不清楚自己的价值观是什么,也不是很清晰地知道自己究竟看重什么。了解自己生命中最珍惜的是什么,有助于一个人反思自我价值系统的合理性。个人价值观反映了某一个体的价值倾向,与个人生活领域密切相关。人的价值系统具有个性化特征,有的人价值体系一旦形成就非常稳固,难以改变;有的人的价值体系具有变通性,比较容易改变。一般来说,青少年价值系统的通透性较强,这为教育提供了很好的可塑性。在具体的方式上,我们可以采取个别谈心、榜样示范等方式进行教育,也可以通过网络建立师生交流平台,在交流互动中给予正确引导,树立正确的生命价值观。

(二) 道德讨论法

道德认知发展方法论是以道德认知发展理论为基础建构的方法体系。道德认知发展理论是美国道德哲学与心理学家柯尔伯格吸收杜威、皮亚杰的研究成果,于20世纪50年代创立的。该理论的主要观点是,道德发展

---

① Raths L. Harmin M. Simon S., *Values and Teaching*, Second Edition, Columbus Ohio: Merrill 1978: 33-34.

与认知发展有密切关系，认知发展是道德发展的基础，道德发展不能超越认知发展水平，道德思维是道德发展的核心；儿童道德思维与判断水平发展是有阶段的，道德发展总是遵循一定的阶段进行；道德发展的动机在于寻求社会接受和自我实现，有赖于个体对社会文化活动的参与。道德讨论法就是柯尔伯格在具体运用道德认知发展理论过程中，提出的主要教育方法之一。[①]

道德讨论法，概括起来讲，就是通过引导学生对道德两难问题开展讨论，引发认知冲突，达到促进积极的道德思维，促进道德判断发展的方法。在运用这一方法时，教育者首先要选择、设计一定的道德两难问题或问题情境，通过两难问题或问题情境能够反映儿童各种道德观点的矛盾，引起儿童认知冲突，启发儿童进行积极思维。其程序为：一是设置道德两难问题；二是用道德判断测验量表测试学生的道德发展阶段；三是分组选择，即根据测试结果，按道德发展阶段进行搭配分组（约十人一组），然后指导各组开展道德两难问题的选择；四是引导学生，指教育者用科学的观点、方法引导学生正确对待讨论，在讨论之前，必须让学生对即将进行的讨论有正确的期待和理解；五是对道德两难问题开展讨论、争论，在讨论的深入阶段，要支持和澄清重要观点，引导道德水平阶段相近的学生进行观点比较，促进较低阶段的学生趋向高阶段的推理，从而达到提高道德判断水平的目的。

进行生命道德教育时，也可以采取道德讨论法，进行两难困境体验。两难困境是我们在生活中经常可以遇到的，小到买卖，大到生死抉择。因为这些两难困境的抉择，也更能显现一个人内心深处最本真的想法和态度。两难困境的设置要能够达到柯尔伯格提出的三个标准。

（三）感染教育法

感染教育，分为顺向感染和逆向感染。人们对感染的情感产生亲和感、接受感染体的内容，称为顺向感染；人们对感染的情感产生对立感、不接受感染体的内容，称为逆向感染。所谓感染教育法，就是人们在无意识和不自觉的情况下，受到一定感染体或环境影响、熏陶、感化而接受教育的方法。

运用感染方法，其特点是寓理于情，使受教育者在不知不觉中接受教

---

① 郑永廷：《论当代西方国家思想道德教育方法》，《学术研究》2000年第3期。

育。保持教育信息接收系统的开放状态，对教育内容保持积极的、兴奋的情绪，潜移默化地接受某种思想观念和行为规范。运用感染方法调动情感力量，可以增强生命道德教育的吸引力和感染力，提高生命道德教育效果。在具体操作层面，我们可以从以下几个方面着手。

一是艺术感染。艺术感染是通过文学、音乐、舞蹈、美术、戏剧、电视、电影等载体，给人以影响和感化。柏拉图肯定艺术作为美的最高形式，它的任务就是感动心灵。他认为，"音乐教育比起其他都重要得多"[①]，因为音乐的节奏与和谐能够进入人的心灵深处，使人的心灵得到美化。为了真正达到使心灵既美且善的目的，可以选择有利于美化心灵的音乐，供学生欣赏。也可以通过文学作品了解一些热爱生命、挑战命运的人物，比如音乐家贝多芬、物理学家霍金、"当代保尔"张海迪等。以张海迪为例，张海迪5岁时因患脊髓血管瘤，高位截瘫，她因此没有进过学校学习。但她以顽强的毅力自学了小学到大学的课程，还自学了大学英语、日语、德语。她在36岁做完癌症手术后，攻读了哲学专业研究生课程，获哲学硕士学位。从28岁开始，她走上了文学创作和翻译作品的道路，创作和翻译的作品超过100万字。多年来她还做了大量的社会工作，为中国残疾人事业做出了突出的贡献，被誉为"当代保尔"和"八十年代新雷锋"。其实，张海迪在年轻时也曾消沉过、绝望过。那是在1974年她19岁的时候，由于是残疾人，好几次招工她都没有被录取。张海迪极度失望，她给父母写了一封遗书，然后吞服了大量的安眠药，还给自己打了6支冬眠灵，等待着离开这个世界。她的内心激烈地翻腾着，她想起了她待过的乡下的村子和那里的乡亲，想起了保尔·柯察金和他在海滨公园自杀的情景。保尔·柯察金的伟大之处，就在于他虽然绝望过，想自杀过，但是他没有自杀，战胜了绝望。于是，张海迪拼尽了全力喊道："救救我，把我救活吧，我还很年轻，我错了。"后来，经过医生的全力抢救，过了五六天，她醒了过来。从那以后，她要求自己像保尔·柯察金那样勇敢地生活下去。张海迪以保尔为榜样，重塑了一个全新的自我。对于绝望的、有过自杀念头的人，我们可以通过张海迪的例子来激励他们，永不放弃自己的生命。再以电影为例，"胶片记录点滴，光影感悟生活"，一部优秀的影片，在教育中往往会带来意想不到的效果，这种效果远远超

---

① 朱光潜：《柏拉图文艺对话集》，人民文学出版社1963年版，第161页。

过教育者空洞的说教和干巴巴的大通灌输。教育者有选择地播放一些热爱生命的励志片，随着演员的表演、故事情节的展开，学生置身于影片中，多多少少都会有所触动，在不经意间悟出人生的真谛，在潜移默化中提升他们的精神境界。接下来教育者可以组织学生讨论，发表观后感、一句话影评等，引导学生做出积极的评价，达到"润物细无声"的境界。记得在课堂上人曾给学生放映过《感动中国》2005年度人物——聋哑人艺术家邰丽华的一个片段，她在2005年央视春晚"千手观音"中曼妙的舞姿和她乐观、积极、坚强的精神再次感动了每一位学生。当听到"从不幸的谷底到艺术的巅峰，也许你的生命本身就是一次绝美的舞蹈，于无声处，展现生命的蓬勃，在手臂间勾勒人性的高洁，一个朴素女子为我们呈现华丽的奇迹，心灵的震撼不需要语言，你在我们眼中是最美"的颁奖词时，学生纷纷表示认同。教学取得了良好的效果。

二是群体感染。群体感染也叫交互感染，指在一个群体中，受感染体感染的各个个体相互作用、相互影响的状况。在聚集的人群中，人们的情绪和行为具有感染性。群体中某个人（尤其是有号召力的人物）的情绪和行为势必为其他成员模仿，甚至被整个群体模仿。与此同时，被某个人的情绪和行为所激发起来的整个群体的情绪和行为，反过来又会继续加剧这个人的情绪和行为，激起他更强烈的情绪和行为，进而再次影响已被激发起来的整个群体，激起整个群体做出更强烈的行为反应。南朝时期的教育家颜之推曾经说过，"是以与善人居，如入芝兰之室，久而自芳也；与恶人居，如入鲍鱼之肆，久而自臭也"[①]。因此，在集体中应该引导学生形成一种乐观、积极、向上的生命价值观，共同探讨生命的意义，取长补短，相互影响，产生情感"共振"，以利于顺向感染的产生，防止逆向感染出现。

（四）心理疏导法

所谓心理疏导，就是教育者与受教育者在建立良好关系的基础上，围绕心理问题，相互理解、沟通、引导，消除心理障碍、促进身心健康的一种方式。人的思想观念的转变，既非狂风暴雨的影响，也非我压你服、我打你通。思想问题是压不服的，要使人心服口服就必须通过和风细雨、耐心细致、深入灵魂、有针对性的思想工作才能取得成效。毛泽东提出：

---

① 《颜氏家训·慕贤》。

"对待思想上的毛病、决不能采用鲁莽的态度,必须采用'治病救人'的态度,才是正确有效的方法。"①

因此,运用心理疏导法时要注意三点。一是应注意受教育者的主体地位。心理疏导不是安慰别人、替人分忧,助人自助是心理疏导的最终目标,也是其最高境界。所以,心理疏导不是去安慰人,也不是去替他(或她)分担痛苦。要帮助学生勇敢地面对自己和自己的感受,然后进一步做出积极的处理,帮助他(或她)根除内心的痛苦。心理疏导通过一个充满温暖、友爱、尊重、信任、理解的环境来推动来访者努力地自我剖析,而不是"头痛医头,脚痛医脚"。一切心理问题的解决都是受教育者自己进行的,教育者起到的作用只能是引导受教育者发现自己,从新的角度认识自己,树立自信和自己克服困难和障碍的勇气。二是教育者与受教育者要建立良好的关系,制造一种轻松、愉快、平等交流的氛围,以便使受教育者能够畅所欲言。其实,很多心理问题的出现,就是因为受教育者没有找到合适的抒发苦闷情绪的渠道或对象而造成的。选择自杀的青少年,通常并不像其他同龄人一样,对自己的现状有一个乐观的看法,而是担负了过多的压力,不能采取建设性的方法去解决他们自己的问题,最终用极端的方式来解决暂时的问题。有些人认为,别人的生活是美好和充满希望的,而自己的却充满压抑。这些既没有办法解决自身问题又看不到未来的青少年,容易变得孤立和消沉,常常感到孤独无助和绝望,会变得孤注一掷,最终选择自我毁灭。其实,很多自杀的人对待生命和死亡是非常矛盾、非常纠结的,也许他们并不清楚死亡究竟意味着什么,也许他们最想做的只是尽可能地从压抑的生活中解脱出来。对自杀充满矛盾的青少年,通常会通过某种沟通方式或其他方法试图寻求帮助,一个青少年如果能够将其自身的问题告诉他人,往往迈出了解决问题的第一步。② 教育者要善于倾听,使受教育者在诉说中逐渐减轻心理负荷。三是教育者要尽快地从受教育者的叙述中找到问题关键之所在,提出相应的解决方案,从而达到解决问题的目的。比如,针对青少年在人际关系或竞争中出现的问题,要引导他们多沟通、互帮、互助、互学、互补,解决人际纷争,化解

---

① 《毛泽东选集》第 3 卷,人民出版社 1991 年版,第 828 页。
② [美]查尔斯·科尔等:《死亡课》,榕励译,中国人民大学出版社 2011 年版,第 176 页。

矛盾和怨气，缓解人际冲突，形成平等、友爱、互助的人际关系；学会合作，防止消极竞争，等等。尤其是对于有明显心理障碍、心理疾病的个体，以及遭受挫折、面临危机、有自杀倾向的高危对象，要给予特别的关注。

有效的心理疏导谈话，犹如"小溪流水，蜿蜒曲转，顺势而至"，一切尽在自然之中，令人回味无穷。使学生达到具有与时代发展相一致的良好心理素质，敬畏生命，珍惜生命，勇于承担责任，敢冒风险，有顽强的毅力，能够承受挫折。

（五）自我修养法

何谓修养？"修"为修明、整治、提高，"养"为养成、涵养、培养。修犹切磋琢磨，养犹涵育熏陶。个体品德修养水平的提高，是知、情、意、行相统一、相结合的辩证过程。外部的教育和他人的帮助只是这一过程的外在影响条件，只有通过个人的努力修养和不断实践，才能把外在的影响内化为自己的品质并外显为自觉的行动。

自我修养是指人们在政治、思想、道德以及知识等方面进行自我反思和自我磨炼，通过思想转化和行为控制提高自身思想水平和认识能力的教育方法。

我国优秀的传统文化历来重视自我教育，强调修身养性。我国历代学者都倡导人的自我修养，为自我修养提供了深厚的历史资源。比如孔子在《论语·里仁》中写道："见贤思齐焉，见不贤而内自省也。"就是遇到德才高的人要主动向人家学习，争取赶上他；遇到不贤良的人和过失的行为，要自觉对照检查自己，看是否存在类似的缺点，有则改之，无则加勉。强调一个人不论看到好事或坏事，都应该对自己进行省察，从正反两面吸取教训。孟子主张"爱人不亲，反其仁；治人不治，反其智；礼人不答，反其敬。行有不得，皆反求诸己"，强调"自反"。"反求诸己"是对孔子自省方法的推演，意思是当一个人遇到别人以不合理的态度来对待自己的时候，要进行"自反"，也就是反省自己和进一步要求自己，不应埋怨别人超过自己，不要只知有己、不知有人，而应当检查自己的不足，处理好人际关系。荀子亦主张"日三省乎己"。要"齐家、治国、平天下"须从"修身养性"开始，即从点滴小事开始，从积极行动开始，知行并重。《吕氏春秋·先己》提出了一个重要定理：一切想要成功的人，必先修养自己。《礼记·大学》提出了一个关于修身、治国、平天下的逻辑公式："古之欲明明德于天下者，先治其国；欲治其国者，先齐其家；欲齐其家者，先修其身；欲修其身者，先正其心；欲正其心者，先诚其意；欲诚其意者，先致其知，致知在格物。"从这个公式可以看出，修身处于核心位置，修身的目的是齐家、治国、平天下，修身的方法是格物、致知、诚意、正心。所以，儒家以修身为本，"修己以安人"，"修己以安百姓"。儒家提出学思结合、"克己"、慎独以及积善成德等修身方法。学思结合就是指个人进行修身，既要重视学，又要重视思，"学而不思则罔，思而不学则殆"。意思是说，学习时如果不积极思考，就会毫无所得；思考如果不以学习为基础，就会流于空想；"克己"包括克欲、禁欲、寡欲的意思，但也包含严以律己、宽以待人的道德要求，就是责己重以周，责人轻以约；自卑尊人，先人后己；以己度人，将心比心；礼尚往来，以德报怨。慎独是一种境界更高、自觉性更强的自我修养方法，它要求人们在独处的情况下，能自觉按一定的道德准则思考好行动，而不做任何不道德的事。积善成德，即通过学习好实践优良品德，实现扬善抑恶，进入高尚的道德境地。以上这些方法，都是以主体的内心活动为特征的，都是通过人们自我省察来进行的，为我们提供了参考，我们在教育中可以借鉴。

通过自我修养法，把学生放在价值主体的地位上，调动他们自身的积极性、主动性和创造性，通过学习、反思来提高自己的思想觉悟，丰富自己的精神生活，进而形成对待生命的看法。

人是生活在现实之中的，遇到各种各样的困难在所难免，如果一个人只看到现实的不幸与失意，而看不到生活的希望和人生的价值，就会失去生活的信心和勇气。古人云："吾日三省吾身。"人生最大的成就在于不断重建自己，使自己能知道如何生活。生命极其短暂与可贵，短到我们不能将它浪费在悲叹呻吟之中，人类之所以能够不断地修正错误，不断地取得进步，是因为人类能够在生命的旅途中不断地进行自我反省。这也正是人类区别于其他物种的特异之处。成功者绝不是不犯错误，成功者之所以能够成功，是因为他们有着更强的反省精神。不断克服自己非理智、不正当、错误的情欲、意志、行为习惯等方面的弱点，改变和提高自己的素质，与社会道德的要求达成一致，发现德之缺憾、智之不足，尊重生命，敬畏生命，从而总结教训，改弦易辙，调整目标，迈向通往光明的大道，从而达到修养的目的。

第二节 生命道德教育的载体及运用

生命道德教育是教育人的实践活动，总是要通过一定的载体来进行。载体是生命道德教育不可缺少的重要组成部分，生命道德教育目标的实现、教育任务的完成、教育内容的实施等，都离不开一定的载体。生命道德教育的过程，是教育主体、教育客体和生命道德教育规范三者之间的相互作用和变化发展的过程，生命道德教育载体正是将这三者连接起来的工具性因素，正确运用生命道德教育载体，对生命道德教育的实施意义重大。

一 生命道德教育载体的内涵

载体本来是一个科技术语，最早被用于化学领域。《辞海》从化学反应角度对载体进行了定义：（1）为增加氧化剂的有效面积，一般使催化剂附着于多孔的物体表面，此种多孔物体称为"载体"。（2）在某种催化作用中，常借中间物的生成以达到催化的目的，这种中间物就是载体。（3）使溶液中微量元素（或化合物）能在某种化学处理中合理沉淀，常加入少量的同族元素（化合物）使之一起沉淀，此种生成沉淀的加入物称为载体。（4）在微量放射性同位素的操作过程中，常加入适量稳定同位素以稀释之，此种加入的稳定同位素也称为"载体"[1]。也就是说，载体是指贮存、携带其他物体的事物。[2]

载体后来被广泛应用于科学技术的各个领域。其基本含义可以概括为：某些能传递或运载其他物质的物质。[3] 如工业上用来传递热能的介质，为增加催化剂有效面积而使催化剂的石棉绒、浮石、硅胶等都是载体。随着科学的综合化趋势的发展，这一概念被引入社会科学领域，为众多学科广泛使用，通常理解为承载知识和信息的物质形体。具体到不同学科，对载体内涵的界定各不相同。那么，生命道德教育载体该如何界

---

[1] 《辞海》缩印本，上海辞书出版社1980年版，第1822页。

[2] 张耀灿、郑永廷、吴潜涛、骆郁廷等：《现代思想政治教育学》，人民出版社2006年版，第392页。

[3] 《现代汉语词典》，商务印书馆1996年版，第1568页。

定呢？

概括地说，所谓生命道德教育载体，是指承载、传导生命的教育内容，能为生命道德教育主体所运用，而且主、客体可借以相互作用的一种活动形式，是随着现代社会的发展而产生的具有时代特征的载体。具体地说，生命道德教育载体，必须同时满足下面三个基本条件。

第一，能够承载生命道德教育的目的、任务、内容等信息。在社会生活中，一定载体可以作为许多活动的形式，如会议、大众传媒等，但只有当它们有了明确的生命道德教育目的的指向性、蕴含着生命道德教育的内容时，才能成为生命道德教育的载体。

第二，能够为教育者所控制和运用。生命道德教育是有目的、有计划、有组织的教育实践活动。生命道德教育的主体要通过各种教育形式把信息传递给教育对象，并使之从中受到教育，那么教育过程必须有效地得到控制。因此，只有能够为生命道德教育主体所运用和控制的教育形式，才具有生命道德教育载体的价值。

第三，能够联系生命道德教育的主体和客体，并且能够促使两者发生互动。生命道德教育过程不是教育主体单方面的活动过程，而是教育主体和教育客体共同参与、相互作用的过程。教育者和受教育者是生命道德教育过程的两个主要因素，无论离开哪一方，生命道德教育过程都不能成为完整的过程。作为这一过程综合组织形式的载体，必须能够提供教育者和受教育者相互作用的空间。

总之，只有具备上述三个基本特征的活动形式，才能充当生命道德教育的载体，教育者也才能对此加以恰当地运用。

二 生命道德教育载体的分类及运用

根据生命道德教育载体必须具备的条件以及现实需要，本书选取了生命道德教育的谈话载体、生命道德教育的开会载体、生命道德教育的理论教育载体、生命道德教育的文化载体、生命道德教育的活动载体、生命道德教育的大众传媒载体以及生命道德教育的管理载体进行分析。

（一）生命道德教育的谈话载体

谈话就是生命道德教育者与一个或几个受教育者进行面对面的交谈，向其传导某种思想与观念，帮助其解决思想问题或认识问题的一种教育形式。谈话对于生命道德教育来说，是一种最主要的载体，它具有灵活性、具体性、适时性的特征，没有一种载体可以取代或完全取代它。谈话载体是生命道德教育者和受教育者双方互动的形式，要使这一载体的运用取得好的成效，需要教育者和受教育者的共同努力。但一般而言，在谈话这一形式中，教育者处于主导地位，应该注意五点：一是要有明确的目的性。作为生命道德教育的谈话，不是漫无目的的闲聊，应该有明确的目的性。因此，要求教育者在谈话前要充分了解谈话对象的思想状况以及存在的主要问题，确定本次谈话要达到的基本目标并围绕着这一目标精心准备，做到心中有数。最好确定一个目标，集中解决一个突出的问题。二是要尊重教育对象，平等待人。教育者在谈话中要尊重谈话对象的人格，要与人诚恳地交谈，平等对话，注意保护教育对象的隐私。三是要注意情理交融，"晓之以理、动之以情"。教育者要加大感情投入，学会分析说理，以情动人、以理服人。四是要选择好谈话的时机。与教育者谈话，时机的选择非常重要，时机选择得好，可以事半功倍。五是要恰当地运用语言。谈话的主要工具是语言，语言运用是否恰当，直接影响谈话的效果。因此，教育者应该注意运用通俗易懂、形象生动的语言，力求风格多样化，避免千人一腔，以增强谈话的针对性和亲切感。

（二）生命道德教育的开会载体

开会就是通过各种会议向教育者传导生命道德教育内容，以统一其思想，解决某些思想认识问题的教育形式。开会是对受教育者群体进行教育的一种基本形式，相对谈话载体来说，它能在较短的时间内，将生命道德教育的内容传达给更多的人，使教育信息在更大的范围内得到交流，或者解决众多的教育对象的某一思想认识问题，因而效率更高。运用这种方式进行生命道德教育，应该把握这么几点：一是要明确会议的主题。每次开会要确定明确的主题，教育者对会议要达到什么目标应该心中有数，不开无目标的会议。二是提前做好准备工作。会议是否令人满意，是否成功，在很大程度上取决于会议的准备工作。因此，开会之前，应该做好必要的准备工作，不打无准备的仗。三是应该控制会议的进程。四是注意调动与会者的积极性。开会要及时，尤其是在发生一些极端事件时，要及时传递信息，把学生引导至正确的方向，防止出现消极的态度，防患于未然。

（三）生命道德教育的理论教育载体

生命道德教育的理论教育，就是教育者通过课程、讲座、学习研讨等方式把有关生命道德的思想传达给被教育者。

根据《当代大学生生命意识状况调查报告》对 10 所高校 1000 多名大学生进行的问卷调查，其中有一个重要的问题，即对死亡现象的认识。调查发现有 69.3%的大学生认为"人死了，生命就结束了，不会再活过来"，有 25.1%的大学生认为死亡是"在这个世界消失了，去了另一个世界"，有 5.6%的大学生认为"人能死而复生"。这反映出我们对大学生的马克思主义价值观、人生观教育的薄弱与缺失。[①]

我们可以在思想政治理论课中渗入价值观、人生观、生命观教育。高等学校各门课程都具有育人功能，所有教师都负有育人职责，思想政治理论课教师更应该在这方面起表率作用。通过《马克思主义基本原理概论》和《思想道德修养与法律基础》等课程传递给学生"最深刻的人生哲理、最贴切的生活启迪、最透彻的人生感悟、最动人的人生体验，完成教书育人的神圣使命"。

对大学生进行生命道德教育，聘请专家和成功人士现身说法，深受学生欢迎。2005 年 5 月 30 日，武汉大学邀请美国美中国际创造力开发中心中国区总裁吴甘霖进行了一场名为《生命智慧——如何善待和开发仅一次属于你的生命》的讲座。在讲座中，吴甘霖对如何把握生命价值、当生命的主人、创造更全面的成功，如何超越逆境和战胜死亡诱惑等方面进行了生动的阐述，引导学生珍惜生命，并创造更辉煌的人生。第一次讲座就在学生中引起强烈反响，生物系一位对人生很悲观的学生听完讲座后说："吴先生说，即使输掉一切，但决不能输掉对生命的信念，对我很有帮助。吴先生自己曾战胜自杀诱惑，并取得人生成功的经历，给我们提供了一个热爱生命的典范。"他表示，以后一定要积极拥抱生活。

运用理论教育时要注意：必须用科学的态度进行教育，要坚持理论联系实际的原则，要把握理论教育的长期性和层次性。

（四）生命道德教育的文化载体

什么是文化？《辞海》做出如下界定："广义指人类在社会实践过程中所获得的物质、精神的生产能力和创造的物质、建设财富的总和。狭义指精神生产能力和精神产品，包括一切社会意识形式：自然科学、技术科学、社会意识形态。有时又专指教育、科学、文学、艺术、卫生、体育等

---

① 郑晓江：《生命教育演讲录》，江西人民出版社 2008 年版，第 90 页。

方面的知识与设施。"① 所谓生命道德教育的文化载体，即以文化为生命道德教育载体，是指充分利用各种文化产品并将生命道德教育的内容寓于文化建设之中，借此对人们进行教育，以达到提高人们的思想道德素质的目的。文化遍及社会生活的各个领域，无所不在，无处不有，文化的这种特质，决定了它能够作为生命道德教育的载体为我们所运用。

当前，全球化对世界历史进程和中国历史进程的影响变得越来越深刻，对生命的发展来说，全球化不仅是机遇，同样也是挑战和压力。这种压力除了生存的压力，更多是源于多元文化和社会思潮带来的价值观冲突和意识形态较量所形成的思想迷茫和精神失落。文化是一个有着多重含义的复杂概念。一般认为，文化主要是由符号和语言、价值观、规范、物质产品等因素构成，其中，价值观及其具体化的规范是文化的核心。文化本来就蕴含着大量生命道德教育内容并潜移默化地影响着人们。为文化所否定的事物和行为，必定为大多数人所鄙弃；被文化使肯定的事物和行为，则会为大多数社会成员所追求。文化的这种机理对于形成全社会共同的价值观是有利的。生命道德教育应充分利用这种机理，将社会主义现代化所要求的价值观融入文化活动中，使人们在社会生活的基本方面形成正确的价值观。

目前，我们能够利用的生命道德教育文化载体，包括社区文化、家庭文化、校园文化、企业文化、军营文化等内容。文化载体在生命道德教育中的作用是不可替代的，运用好文化载体，关键是要加强文化建设，挖掘文化中内含的生命道德教育资源并赋予其时代意义，发挥其导向作用，对人们产生积极影响。

（五）生命道德教育的活动载体

生命道德教育的活动载体即以活动为生命道德教育的载体，是指教育者为达到一定的生命道德教育目的，以活动为载体，有意识地开展各种活动，将生命道德教育的内容寓于活动之中，使人们在活动的过程中受到教育，提高思想觉悟。这里所说的活动，特指人们的职业活动以外的一般社会活动。

以活动为载体时，教育者与受教育者是相互交流、相互作用的过程；

---

① 《辞海》（下），上海辞书出版社1999年版，第4365页。

教育的目的总是在教育者发挥主导作用和教育对象发挥能动作用相辅相成的过程中实现的。以活动为载体,可以使受教育者在社会实践中获得自我反思、自我评价、自我学习的机会,从而提高自我认识、自我监督、自我激励、自我控制、自我调节的能力。

生命道德教育活动载体包括社会活动、生命体验活动、休闲活动等。社会活动是指人们参加的社会公益活动,比如为灾区组织募捐或捐款、无偿献血、义务清扫街道等。社会活动的普遍性和深入程度体现着一个社会精神文明和社会风尚的状况。每一个有自理能力的人,都应该参加一些社会公益活动,在社会活动中受到教育。生命太短,世界很大,体验是使生命完整的唯一方法。休闲活动在人的生存和发展中具有重要作用。奇克森特·米哈伊(C. Mihalyi)指出:"工作和休闲也和其他事物一样,可以妥善地加以利用,造福我们的生活。而只有那些学会了既享受工作又不浪费自由时间的人,才会感到他们的生活是一个整体,才会感到生活的价值。"① 休闲活动是正规教育有效和必要的补充,对个体生命的意义更是不言而喻,人们可以享用一生,受益无穷。

要用好包括上述活动在内的活动载体,充分发挥生命道德教育功能,必须在以下方面下功夫:第一,精心设计活动载体,把深刻的教育内容寓于生动的活动形式之中。通过生动的活动形式,把生命道德观念广泛地传播到全社会。第二,各项活动都应有明确的目的并根据活动目的确定活动的内容和形式。人类的任何活动都是围绕着一定的目的而展开的,生命道德教育活动也不例外,同样应该具有明确的目的性。只有目的明确,并且将活动目的分解成一些具体目标,使其具有可操作性,才能产生好的效果。

(六) 生命道德教育的大众传媒载体

大众传媒是指在现代社会中,通过特有的渠道和方式,向社会成员广泛传递信息并引起公众对信息反馈而形成的社会信息网络。它以公众化和潜移默化的全新手段,把人类的一切文明、文化要素,重新整理、组织、加工,然后传播四方。② 大众传媒载体作为生命道德教育的有效载体,是

---

① 参见[美]杰弗瑞·戈比《你生命中的休闲》,康筝译,云南人民出版社 2000 年版,转引自高德胜《道德教育的时代遭遇》,教育科学出版社 2008 年版,第 159 页。
② 张耀灿、郑永廷、吴潜涛、骆郁廷等:《现代思想政治教育学》,人民出版社 2006 年版,第 404 页。

指大众传媒向广大受众传播生命道德教育内容，使其在接受广泛的社会信息的同时，接受生命道德教育，从而全面提高自己的思想道德素质和科学文化素质。

大众传媒载体包括印刷类载体、广播载体、电视载体和网络载体，这里主要介绍网络载体。网络载体就是通过互联网这一最先进的电子信息交换系统，向人们传播丰富、正确、生动的教育信息，以帮助人们形成时代发展所要求的思想观念、道德规范以及健康的精神状态的过程。[①] 与传统的大众传媒相比，网络载体传播信息具有以下优点：一是信息海量化。互联网不受版面、播出时段的限制，可同时覆盖全球的用户，传播内容可涵盖人类活动的所有方面，在深度和广度上都胜过传统媒体。二是传播方式的交互性与平等性。三是传播手段的兼容性。互联网兼容了传统媒体的多种优势，不仅具备电视的声、像、字合一和报纸的易保存性特点，而且互联网在使用上视、听、触等感官并用，比传统媒体增加了人际交流成分。

除了优点，网络媒体也有其劣势。首先是真实性、权威性差。网络的快捷报道和海量信息，决定了网络媒体不如传统媒体严谨，在思想信息的导向上容易失去控制。网络信息的发布具有很大的自由度，使网上信息良莠不齐，真假难辨。其次是网络安全得不到保障。网络病毒的感染和入侵非常严重。还有其他网络不道德行为的发生，不可避免地会产生一些负面影响。对生命道德教育的正常运行造成许多干扰，使强化网络生命道德教育迫在眉睫。

充分运用网络载体进行生命道德教育是时代发展的需要。但是在运用这一载体时，应对传媒影响的复杂性问题予以特别注意。传媒所反映的内容及其对人的影响是复杂的，既有积极的一面，又有消极的一面。比如，当前，一些新闻媒体为了吸引读者眼球，热衷于报道甚至炒作一些敏感话题。就在不久前，针对苏湘渝系列持枪抢劫杀人案制造者周克华，有媒体在报道中居然称这位穷凶极恶的歹徒为"爆头哥"，更有网民居然认为其相当"酷"，对其顶礼膜拜。虽然一些"无厘头"的"某某哥"很多，但是用在此处还是有失偏颇、极为不妥的。国外研究发现，媒体对自杀事件的报道与社会中的自杀行为之间存在着一定关联，关于自杀的过度报道确实会对人群的自杀行为产生一定的影响。比如，1998年香港报纸图文

---

① 陈万柏：《思想政治教育载体论》，湖北人民出版社2003年版，第246页。

并茂地在头版大量报道了一名妇女用当时特殊的"烧炭"方法自杀后，2000年年末，烧炭自杀就成为香港常见自杀方法第三位，2002年已成为第二位。① 媒体报道本身并不直接导致自杀，关键是报道的方式和内容。世界卫生组织在预防自杀的建议中提到，媒体要淡化自杀报道，并就媒体的报道制定了一些指导原则。对于自杀者，媒体应该引导人们认识到：生命是一个过程，这个过程不是逃避，而是承诺，无论对社会、对家庭还是对自己，都是一种无声的、美丽的承诺。自杀是不可取的，是对自己、对家人、对社会极不负责的行为。人们应该珍惜生命之存在，欣赏生命之美好，自觉维护生命之权利，创造生命之价值，从而拥有精彩而绚丽的人生。事实证明，媒体报道处理得当是可以降低负面作用的。比如，1978年地铁在维也纳投入使用后，因媒体戏剧性地报道地铁自杀事件，导致维也纳自杀率急剧升高，后来奥地利自杀预防协会推出了一个自杀报道指南，协助媒体改进了报道方式，随后维也纳的自杀率下降了80%。② 不同的信息对大众传媒的教育作用可能出现相互抵制、相互干扰的矛盾现象，因此，我们要不断加强对大众传媒的宏观管理和指导。由于报纸与电视新闻都可以在网上长期保存，且可聚集很多相关报道，并进行互动评价与讨论，相对其他媒体可能对人们的影响更大，因此，对网络媒体更要注重管理和引导。

(七) 生命道德教育的管理载体

管理是遍及社会生活各个领域的基本活动。通过管理，人们的社会生产和生活以及其他活动才能有目的、有秩序地进行，社会才能获得更快的发展。所谓生命道德教育的管理载体，就是以管理作为生命道德教育的载体。通过管理承载教育内容，并运用管理活动、管理手段，开展生命道德教育，形成良好的品德和行为习惯，以提高人们的道德素质，并能够及时有效地解决人们的各种思想认识问题。

管理载体包括制度管理、生活管理。生活管理就是从生活的各个方面入手进行规范化管理，是一种生活的指导。这种管理有利于指导人们在感受生活的变化，坚持生活的合理取向与遵循生活的正确规范；在生活中掌

---

① 刘雁书、肖水源：《自杀事件的媒体报道对人群自杀行为的影响》，《中国心理卫生杂志》2007年第5期。

② 同上。

握辩证的思维方式，培养自主能力，克服片面、主观的思想；学会调控自己的感情和情绪，养成健康的生活情趣；善于正确对待生活中遇到的各种挫折和困难，建立良好的人际关系，并努力正确认识自我，提高生活质量。

在生命道德教育中，引导人们采取正确的行为，并在多次重复正确行为的基础上形成良好的习惯，具有至关重要的意义。而运用管理载体有助于人们良好的品德习惯的养成。品德习惯养成后，反过来又可以加深人们的品德认识、促进品德情感的培养、意志的锻炼和信念的养成。可见，培养人们良好的品德行为习惯是生命道德教育的归宿。正如洛克所说："只有你给他的良好原则与牢固习惯，才是最好的、最可靠的，所以也应该是最应该注重的。因为一切告诫与规则，无论如何反复叮咛，除非是行成了习惯，全是不中用的。"①

在具体的管理中，要实行以人为中心、以人为目的的管理，关注人的内心世界与情感需求，做到刚柔相济、张弛有度。管理载体相对于其他载体的优势，就是管理活动的广泛性和实践性，可以促进生命道德教育与实际生活的结合，提高管理载体增强生命道德教育的渗透力。

---

① ［法］洛克：《教育漫话》，人民教育出版社1985年版，第30页。

结　　语

改革开放 30 多年来，中国共产党和中国人民以一往无前的进取精神和波澜壮阔的创新实践，谱写了中华民族自强不息、顽强奋进的新的壮丽史诗，中国人民的面貌、社会主义中国的面貌、中国共产党的面貌发生了历史性变化。党的十七大全面回顾和深刻总结了改革开放的伟大历程和宝贵经验，指出："改革开放以来我们取得一切成绩和进步的根本原因，归结起来就是：开辟了中国特色社会主义道路，形成了中国特色社会主义理论体系。高举中国特色社会主义伟大旗帜，最根本的就是要坚持这条道路和这个理论体系。"① 党的十八大报告指出："中国特色社会主义道路，中国特色社会主义理论体系，中国特色社会主义制度，是党和人民九十多年奋斗、创造、积累的根本成就，必须倍加珍惜，始终坚持，不断发展"，"在新的历史条件下，夺取中国特色社会主义的新胜利，必须牢牢把握一些基本要求，并使之成为全党全国各族人民的信念"②，基本要求之一就是必须坚持促进社会和谐。

社会和谐是中国特色社会主义的本质属性，是国家富强、民族振兴、人民幸福的重要保证。构建社会主义和谐社会，是贯穿中国特色社会主义事业全过程的长期的历史任务，是在发展的基础上正确处理各种社会矛盾的历史过程，同时又是十分重要而紧迫的工作。构建社会主义和谐社会的过程，从本质上讲，也就是推进人的全面发展的过程。与社会主义从初级阶段向前发展相适应，社会和谐程度与人的全面发展也表现为一个分层次、逐步实现的过程。在此过程中，随着社会和谐程度的提升，人的各种

---

① 党的十七大报告：《高举中国特色社会主义伟大旗帜　为夺取全面建设小康社会新胜利而奋斗》，2007 年 10 月 15 日。

② 党的十八大报告：《坚定不移沿着中国特色社会主义道路前进　为全面建成小康社会而奋斗》，2012 年 11 月 8 日。

素质将由不甚全面向着比较全面的方向发展。建设社会主义和谐社会就是要造就一代又一代全面发展的社会主义新人，并以此来进一步推动社会主义的健康发展。

建设社会主义和谐社会与促进人的全面发展是一个互动共进的历史进程。马克思恩格斯认为人的全面发展与社会和谐发展的互动是社会化大生产发展的必然要求，他们指出，一方面，未来新社会将使人更充分地获得全面自由的发展，是"以每个人的全面而自由的发展为基本原则的社会形式创造现实基础。"①；另一方面，只有全面发展的人，才能驾驭生产力、科学技术和交往形式的巨大进步，"因为现存的交往形式和生产力是全面的，所以只有全面发展的个人才可能占有它们"②，而生产力与交往形式的全面发展，正是推进社会趋于和谐的动力。因此，推进人的全面发展与实现社会和谐发展是互为前提和基础的，两者相互促进、逐步提高，统一于人类社会发展进程之中。

"在个体的意义上，人的全面发展主要包括身体素质的发展、科学素质的发展、思想道德素质的发展、情感教育的发展、心理素质的发展、交往素质的发展、业务素质的发展和自由个性的发展等。"③ 即人人都应该拥有健康的体魄、广博的知识、专业的技能、道德的涵养和善良的品格，在德、智、体、美等基本方面具备较高的素质。只有这样的人才能体现自身的意义和价值，同时又为社会所需求和接受。人之高于动物之处就在于人不仅仅满足吃饱喝足形式下的生活，而是要追求生命的意义，追求生活的价值，寻求人生的升华。人的生命作为一种开放性、创造性的存在内含着超越的本质，不断超越自身的有限性，超越自身的现实，追求生命意义的无限性。生命靠什么来超越自身？超越的向度何在？"道德，就是人的生命超越的基本依凭和价值向度。在某种意义上，人正是依凭道德性的逐渐获致而使人不断超越其自然肉身存在，成为德性价值的存在，道德与生命相伴相随。"④ 道德与生命有着一种内在的逻辑联系，因为正是道德才

---

① 《马克思恩格斯全集》第 23 卷，人民出版社 1972 年版，第 649 页。
② 《马克思恩格斯全集》第 3 卷，人民出版社 1995 年版，第 516 页。
③ 刘湘、魏焕信主编：《社会协调发展与人的全面发展》，山东人民出版社 2002 年版，第 2 页。
④ 刘铁芳：《生命与教化》，湖南大学出版社 2004 年版，第 31 页。

使人的生命获得了自身的价值。生命是什么？生命的意义究竟何在？当我们反复询问以求解答时，所能肯定的只是人的生命不可能仅仅是一个有活力的自然物体的存在形式，更在于它是一个能够超越自身的有个性，有尊严和有理想的道德存在。道德教育是一个使人超越其自然存在的过程，一个追求生命的终极意义和价值的过程，它的职责在于使每个受教育者都能深切地感受到，人之所以为人，并不仅仅是由于人能制造和使用工具，"还在于能意识到自身的使命，赋予自己有限的生命以无限的意义。人不仅懂得自己是谁，正在干什么，而且知道自己可能是谁，应该干什么"[①]。道德教育使生命的成长更加自由、自主和自觉，使受教育者在生存实践中不断地提升自我、完善自我和实现自我，让受教育者能够更坚定地主导自己的精神世界，获得生存的最大满足。道德使生命健康成长，而生命则充分彰显道德的魅力。道德教育是一门育人的学问，建立在生命个体基础之上。道德教育应该关注个体的生命存在状况和价值拓展，培养生命个体的道德品质，从而帮助生命个体达到全面自由发展的自我终极状态。道德教育对于帮助、指导个体去追求美好人生、实现美好人生、创造美好人生具有非常重要的作用。同时，这也是教育的责任、义务，是道德教育的最终追求。当今世界经济、社会、科技的发展，使人们面临着前所未有的机遇，也使他们陷入前所未有的生命困境之中。生命道德的提出旨在使生命更好地存在与发展，不论是个体生命还是种类生命。其当代价值主要体现在：将人与生命关系及其道德诉求显性化，使生命道德进入人们的显意识之中，有利于克服现实中忽视生命或漠视生命的现象与问题，凸显生命的价值，以便更好地关爱生命。人与生命之间的关系，辐射人与人、人与社会、人与自然之间的关系。一个对生命有着深切关爱之情的人，不会不爱他的同类，不会无辜伤害他类生命，不会盲目破坏他赖以生存的社会和自然环境；不仅不会，反而更具有关爱他人之情、之意、之能。从这个意义上说，生命道德为人我道德、人际道德、生态道德提供了一个更为内在的、彼此关联的基础。生命道德的提出，在于使道德重新回归人类生命本体，在反思传统道德价值观的同时，提出与时代发展相呼应的道德价值体系，使道德的教育和感化功能得以加强。

社会主义和谐社会构建问题，更多体现为对各阶层、各领域、各层面

---

① 刘铁芳：《生命　道德　教化》，《河北师范大学学报》（教育科学版）2004年第3期。

的需要、利益的承认，为人们创造力的实现提供舞台。这是对个体的人的生存与发展需要的尊重与呼唤。作为这样一个新型的社会系统，其本身的活力越来越基于每一个个体生命活力的焕发之上，而社会本身也越来越成为每一个个体生命潜能发挥的空间。这种新型的关系形态，正在不断孕育、形成之中。这样的社会，将是一个通过个体、为了个体而实现的自组织的复杂系统。个体与群体、个体与社会，有可能进入一种新的关系形态。在这一形态中，个体与群体、社会共生共荣，在不同的层面相互滋养、相互需要、相互促进。这样的一种文明形态为健康的、富有活力的生命个体的出现提供着可能，进而也促使生命个体从中获得自身进化的力量。生命道德教育是以人为本的价值取向，其实质"是指人类的一切活动都要以人的生存、安全、自尊、发展、享受等需要为出发点和归宿"①。它体现的是对生命资源的合理利用和对生命个体的充分开发，体现为充分尊重个体在社会中不断增长的多种需求，尊重人的生命价值，重视人的全面发展，突出人的主体地位，表现为对人性的充分肯定，这实际上是对教育本质反思后的一种觉醒。就个体价值体系本身而言，生命是一切价值的基础，是价值系统的原点。因此，人的生命存在，是人之为人的根本。由于生命的命题是一个关于人的本原性的问题，所以，从逻辑上说，它就应该是人本价值取向的基础。由于教育是直面人的生命、通过人的生命、为了人的生命质量的提高而进行的社会活动，是以人为本的社会中最体现生命关怀的一种事业，所以其产生本身就是人类试图提高自身生命关怀程度和层次的一种努力。生命道德教育要在以人为本教育理念的时代背景下取得突破，其关键是要把人的完整生命纳入道德教育的视野，以此来理解道德教育，实现个人生命的丰满、发展与幸福。

每一个人自身各方面的和谐，是所有人组成的人类社会的和谐细胞或基本单元。人与人之间要和谐，人与社会之间要和谐，人与自然之间要和谐，最根本的基础和前提是人自身的各方面之间要和谐。自我和谐，对每个人来说都是十分重要的。每个人都是社会的一分子，与社会无缘的人是不存在的。构建和谐社会，首先要求每个人做到自我和谐。人与自我和谐了，就能找到一种自我生命的成就感、认同感，以获得一种强大的精神力

---

① 施一满：《基于人本理念的思想政治教育探析》，《学校党建与思想教育》（下半月）2008年第11期。

量，建立对生命的乐观与自信，使人与自己的内心也与外在世界紧密联系起来，以安顿自己的心灵，使生命有所寄托。当前，一些青少年缺乏自信、比较自卑，人际交往困难，经常独来独往，显得自闭、孤寂，没有欢声笑语。有些成年人在获得巨大的物质财富后，思想困惑，精神苦闷，心情抑郁，并不幸福。更有甚者，一些人极端消极、颓废，觉得自己生活得没有意义，走向自我毁灭。这些精神、心理问题，极大地影响和威胁着人与自我的和谐，无论基于何种原因的轻生、犯罪、漠视生命现象都会对其本人、家庭及社会造成难以弥补的损失，并成为社会的不和谐因素，破坏社会的稳定，与我们正在建设的和谐社会难以相容。[①]

通过生命道德教育，让人们学会积极地肯定自己、评价自己，不断燃起自己对生活的激情与梦想，唤醒对自己生命的自信与热情，赋予自己生活的勇气和力量，善待自己，珍惜生命，积极生活，享受快乐，与自我处在一种高度和谐与完美的状态。一个品格高尚、心理清净平和的人，始终处在自我和谐状态中，不但自己时时处处陶然于美好的意境中，更会给社会创造无限的美好与和谐。

生命道德教育不仅关注人们的个体生命，还要引导人们不断地超越自我、走向他人、融入社会、关心自然，能自觉地去感受和尊重所有的生命，体悟生命的激情与豪迈，领略生命的伟大与崇高。使人们在不断地向自我、他人、社会、自然开放的过程中，让自己的生命突破局限去自觉构建一个超越时空的价值之维。生命道德教育从历史中寻求生命的智慧、从文化中吸取生命的营养、从现实中把握生命的真实，使人们自己的生命能够不断地走向超越，从有限走向无限、从短暂走向永恒、从卑微走向崇高，让生命之光放射出熠熠的光彩。因此，生命道德教育就是在引导人们舒展自己生命的同时，能够给予所有的生命以同样的尊重和发展的机会，不断拓展生命的意义，提升道德、完善人格，追求生命与自然、与自我、与社会之间的和谐，亦即重塑生命与自然之真，追求生命与社会之善，完善生命与自我之美，过一种有意义与价值的生活。使人这根"脆弱的芦苇"在高尚的生命情怀中不断地得到升华，使生命的意义更加彰显，使人生的价值得以体现，进而实现我们伟大的"中国梦"！

---

① 金丽娜：《和谐生命的价值追求》，《求索》2009 年第 5 期。

参 考 文 献

一 著作

1. 《马克思恩格斯选集》第1—4卷，人民出版社2012年版。
2. 《马克思恩格斯全集》第2、3、4卷，人民出版社1995年版。
3. 《马克思恩格斯全集》第3卷，人民出版社1979年版。
4. 《马克思恩格斯全集》第3卷，人民出版社1960年版。
5. 《马克思恩格斯全集》第6卷，人民出版社1971年版。
6. 《马克思恩格斯全集》第23、26卷，人民出版社1972年版。
7. 《马克思恩格斯全集》第24卷，人民出版社1979年版。
8. 《马克思恩格斯全集》第31卷，人民出版社1998年版。
9. 《马克思恩格斯全集》第33卷，人民出版社2004年版。
10. 《马克思恩格斯全集》第40卷，人民出版社1982年版。
11. 《马克思恩格斯全集》第42卷，人民出版社1979年版。
12. 《马克思恩格斯文集》第1卷，人民出版社2009年版。
13. 《马克思经典著作选读》，人民出版社1999年版。
14. 马克思：《1844年经济学哲学手稿》，人民出版社1979年版。
15. 恩格斯：《自然辩证法》，人民出版社1984年版。
16. 恩格斯：《反杜林论》，人民出版社1970年版。
17. 《列宁全集》第55卷，人民出版社1990年版。
18. 《毛泽东选集》第1卷，人民出版社1991年版。
19. 《毛泽东邓小平江泽民论世界观人生观价值观》，人民出版社1997年版。
20. 《毛泽东著作选读》下册，人民出版社1986年版。
21. 《邓小平文选》第2卷，人民出版社1994年版。
22. 《邓小平文选》第3卷，人民出版社1993年版。
23. 《江泽民文选》第2、3卷，人民出版社2006年版。

24. 《管子·心术》

25. 《周礼·师氏》

26. 《孟子·离娄》

27. 《孟子·公孙丑》

28. 《荀子·劝学》

29. 《颜氏家训·慕贤》

30. 《周易·乾卦》

31. 《道德经》

32. 《诗经·小雅·蓼莪》

33. 毕义星：《中小学生命教育论》，天津教育出版社 2006 年版。

34. 陈志尚：《人的自由全面发展论》，中国人民大学出版社 2005 年版。

35. 檀传宝：《信仰教育与道德教育》，教育科学出版社 1999 年版。

36. 檀传宝：《学校道德教育原理》，教育科学出版社 2015 年版。

37. 陈万柏：《思想政治教育载体论》，湖北人民出版社 2003 年版。

38. 陈选华：《挫折教育引论》，中国科学技术大学出版社 2006 年版。

39. 陈飞：《回归生活世界——思想政治教育研究的一个视角》，人民出版社 2014 年版。

40. 陈根法：《德性论》上，上海人民出版社 2004 年版。

41. 段德智：《西方死亡哲学》，北京大学出版社 2006 年版。

42. 傅伟勋：《死亡的尊严与生命的尊严》，北京大学出版社 2006 年版。

43. 樊富珉、张天舒：《自杀及其预防与干预研究》，清华大学出版社 2009 年版。

44. 冯建军：《生命与教育》，教育科学出版社 2004 年版。

45. 冯建军：《教育的人学视野》，安徽教育出版社 2008 年版。

46. 冯建军等：《生命化教育》，教育科学出版社 2007 年版。

47. 冯沪祥：《中西生死哲学》，北京大学出版社 2002 年版。

48. 冯契：《哲学大辞典》，上海辞书出版社 1992 年版。

49. 高清海：《人的"类生命"与"类哲学"》，吉林人民出版社 1998 年版。

50. 高旭东：《生命之树与知识之树：中西文化专题比较》，人民大学出版社 2010 年版。

51. 高兆明：《幸福论》，中国青年出版社 2001 年版。
52. 高德胜：《道德教育的时代遭遇》，教育科学出版社 2008 年版。
53. 高德胜：《生活德育论》，人民出版社 2005 年版。
54. 高中建：《当代青少年问题与对策研究》，中央编译出版社 2008 年版。
55. 葛晨虹：《人性论》，中国青年出版社 2001 年版。
56. 葛力：《现代西方哲学辞典》，求实出版社 1990 年版。
57. 胡海波、郑弘波、孙璟涛：《哲学与人性的观念》，东北师范大学出版社 2005 年版。
58. 胡文耕：《生物学哲学》，中国社会科学出版社 2002 年版。
59. 黄富峰：《德育思维论》，人民出版社 2006 年版。
60. 黄学规：《挫折与人生》，浙江大学出版社 1999 年版。
61. 黄应全：《生死之间》，作家出版社 1998 年版。
62. 贺麟：《文化与人生》，商务印书馆 1988 年版。
63. 何怀宏：《心怀生命》，广西师范大学出版社 2015 年版。
64. 何仁富：《生命教育引论》，中国广播电视出版社 2010 年版。
65. 金生鈜：《德性与教化》，湖南大学出版社 2007 年版。
66. 江畅：《走向优雅生存：21 世纪中国社会价值选择研究》，中国社会科学出版社 2004 年版。
67. 靳凤林：《死，而后生：死亡现象学视阈中的生存伦理》，人民出版社 2005 年版。
68. 纪洁芳：《生命教育教学》，中国广播影视出版社 2014 年版。
69. 刘惠：《生命德育论》，人民教育出版社 2005 年版。
70. 李建华：《道德情感论——当代中国道德建设的一种视角》，北京大学出版社 2011 年版。
71. 刘济良等：《价值观教育》，教育科学出版社 2007 年版。
72. 刘济良：《生命教育论》，中国社会科学出版社 2004 年版。
73. 刘惊铎：《道德体验论》，人民教育出版社 2003 年版。
74. 刘铁芳：《生命与教化》，湖南大学出版社 2004 年版。
75. 刘存智：《学习与生存理念》，中国人民大学出版社 2009 年版。
76. 刘次林：《幸福教育论》，南京师范大学出版社 2007 年版。

77. 刘志军：《生命的律动：生命教育实践探索》，中国社会科学出版社 2004 年版。

78. 刘新庚：《现代思想政治教育方法论》，人民出版社 2006 年版。

79. 刘慧：《生命教育导论》，人民教育出版社 2015 年版。

80. 李伦：《鼠标下的德性》，江西人民出版社 2002 年版。

81. 李平收：《青年战胜挫折能力训练教程》，知识出版社 2002 年版。

82. 李志强：《走进生活的道德教育：杜威道德教育思想研究》，中国社会科学出版社 2009 年版。

83. 李晓红、巴山：《生命的思考》，中国社会科学出版社 2010 年版。

84. 李嘉美等：《幸福书 1》，人民出版社 2010 年版。

85. 李政涛：《做有生命感的教育者》，北京师范大学出版社 2010 年版。

86. 罗竹风主编：《现代汉语大词典》下，上海辞书出版社 2009 年版。

87. 罗崇敏：《三生教育论》，人民出版社 2013 年版。

88. 罗国杰：《伦理学》，人民出版社 1989 年版。

89. 罗国杰、宋希仁：《西方伦理思想史》上卷，中国人民大学出版社 1988 年版。

90. 梅萍等：《当代大学生生命价值观教育研究》，中国社会科学出版社 2009 年版。

91. 马东佑：《感悟人生——让生有意义，死无恐惧》，中山大学出版社 2008 年版。

92. 马海然：《道德教育新论》，中国社会出版社 2009 年版。

93. 茅于轼：《中国人的道德前景》，暨南大学出版社 2008 年版。

94. 门里牟：《当代中国道德教育研究》，内蒙古人民出版社 2005 年版。

95. 蒙雅森、金焱：《大学与人生导论》，暨南大学出版社 2010 年版。

96. 欧巧云：《当代大学生生命教育研究》，知识产权出版社 2008 年版。

97. 彭柏林：《道德需要论》，上海三联书店 2007 年版。

98. 邱仁宗：《生命伦理学》，上海人民出版社 1987 年版。

99. 钱穆：《人生十论》，广西师范大学出版社 2004 年版。

100. 任建东：《道德信仰论》，宗教文化出版社 2004 年版。

101. 孙英：《幸福论》，人民出版社 2004 年版。

102. 孙晨星：《生死论》，中国青年出版社 2001 年版。

103. 孙彩平：《道德教育的伦理谱系》，人民出版社 2005 年版。

104. 宋增伟：《制度公正与人性完善》，中国社会科学出版社 2010 年版。

105. 石亚军、赵伶俐：《人文素质教育：制度变迁与路径选择》，中国人民大学出版社 2008 年版。

106. 石亚军：《人文素质论》，中国人民大学出版社 2008 年版。

107. 唐凯麟：《伦理学》，高等教育出版社 2001 年版。

108. 王向华：《对话教育论纲》，教育科学出版社 2009 年版。

109. 王德军：《生存价值观探析》，社会科学文献出版社 2008 年版。

110. 王江松：《悲剧人性与悲剧人生》，中国社会科学出版社 2009 年版。

111. 王泽应：《为有源头活水来》，中国社会科学出版社 2004 年版。

112. 王荣发、朱建婷：《新生命伦理学》，华东理工大学出版社 2011 年版。

113. 王学俭编著：《现代思想政治教育前沿问题研究》，人民出版社 2008 年版。

114. 王国轩：《四书：论语 大学 中庸 孟子》，中华书局 2007 年版。

115. 王东莉：《德育人文关怀论》，中国社会科学出版社 2005 年版。

116. 王晓虹：《生命教育论纲》，知识产权出版社 2009 年版。

117. 文育锋：《健康教育学》，上海交通大学出版社 2015 年版。

118. 汪丽华：《身心灵全人生命教育：历史、理论、应用》，中国广播影视出版社 2014 年版。

119. 《现代汉语词典》，商务印书馆 1996 年版。

120. 夏中义主编：《大学人文读本·人与自我》，广西师范大学出版社 2002 年版。

121. 肖永春：《幸福心理学》，复旦大学出版社 2008 年版。

122. 辛继湘：《教学价值的生命视界》，湖南师范大学出版社 2006 年版。

123. 萧怀：《人生隽言》，上海人民出版社 1995 年版。

124. 肖川：《教育：让生命更美好》，北京师范大学出版社 2015 年版。

125. 肖川：《教育的使命与责任》，岳麓书社 2007 年版。

126. 肖川、曹专：《生命因你而精彩——生命教育教师读本》，岳麓书社 2010 年版。

127. 严春友：《西方思想家的阐释》，中国社会科学出版社 2005 年版。

128. 袁本新、王丽荣：《人本德育论：大学生思想政治教育的人文关怀与人才资源开发研究》，人民出版社 2007 年版。

129. 于炳贵、郝良华：《中国国家文化安全研究》，山东人民出版社 2007 年版。

130. 杨鲜兰：《经济全球化条件下人的发展问题研究》，中国社会科学出版社 2006 年版。

131. 叶纲：《回归突破："生命·实践"教育学论纲》，华东师范大学出版社 2015 年版。

132. 张澎军：《道德哲学引论》，人民出版社 2002 年版。

133. 张文喜：《马克思论"大写的人"》，社会科学文献出版社 2004 年版。

134. 张曙光：《生存哲学——走向本真的存在》，云南人民出版社 2001 年版。

135. 张耀灿、陈万柏主编：《思想政治教育学原理》，高等教育出版社 2001 年版。

136. 张耀灿、郑永廷、吴潜涛、骆郁廷等：《现代思想政治教育学》，人民出版社 2006 年版。

137. 张世欣：《道德教育的四大境界》，浙江教育出版社 2003 年版。

138. 张秀清等：《大学和谐文化建设研究》，山东大学出版社 2008 年版。

139. 张鸿燕：《网络环境与高校德育发展》，首都师范大学出版社 2008 年版。

140. 郑晓江：《生命与死亡》，北京大学出版社 2011 年版。

141. 郑晓江、张名源：《生命教育公民读本》，人民出版社 2005 年版。

142. 郑晓江:《生命教育演讲录》,江西人民出版社 2008 年版。

143. 郑永廷主编:《思想政治教育方法论》,高等教育出版社 2010 年版。

144. 郑永廷、张彦:《德育发展研究》,人民出版社 2006 年版。

145. 周国平:《智慧引领幸福》,山东人民出版社 2012 年版。

146. 朱小蔓:《关怀德育论》,人民教育出版社 2005 年版。

147. 朱小蔓:《情感教育论纲》,人民出版社 2008 年版。

148. 朱小蔓:《情感教育的目标建构》,人民出版社 2008 年版。

149. 朱贻庭:《中国传统伦理思想史》,华东师范大学出版社 1989 年版。

150. 朱银端:《网络道德教育》,社会科学文献出版社 2007 年版。

151. 朱光潜:《柏拉图文艺对话集》,人民文学出版社 1963 年版。

152. [美] 爱德华·W. 萨义德:《文化与帝国主义》,李琨译,生活·读书·新知三联书店 2003 年版

153. [德] 阿尔贝特·史怀泽:《敬畏生命》,陈泽环译,上海社会科学院出版社 1992 年版。

154. [法] 爱弥尔·涂尔干:《道德教育》,陈光金、沈杰、朱谐汉译,上海人民出版社 2006 年版。

155. [俄] 别尔嘉耶夫:《论人的使命》,张百春译,学林出版社 2000 年版。

156. [美] 查尔斯·科尔等:《死亡课》,榕励译,中国人民大学出版社 2011 年版。

157. [德] 恩斯特·卡希尔:《人论》,上海译文出版社 1985 年版。

158. [德] 费迪南·费尔曼:《生命哲学》,李健鸣译,华夏出版社 2000 年版。

159. [美] M. 弗里德曼:《资本主义与自由》,张瑞玉译,商务印书馆 1986 年版。

160. [美] 戈比:《你生命中的休闲》,康筝译,云南人民出版社 2000 年版。

161. [德] 黑格尔:《精神现象学》(下卷),王玖兴译,商务印书馆 1979 年版。

162. [英] 赫·斯宾塞:《教育论》,胡毅译,人民教育出版社 1962

年版。

163. ［德］康德：《道德形而上学原理》，苗力田译，上海人民出版社 1986 年版。

164. ［美］柯尔伯格：《道德教育的哲学》，浙江教育出版社 2000 年版。

165. ［德］兰德曼：《哲学人类学》，张乐天译，上海译文出版社 1988 年版。

166. ［美］洛克：《教育漫话》，人民教育出版社 1985 年版。

167. ［匈牙利］卢卡奇：《理性的毁灭》，王玖兴译，山东人民出版社 1997 年版。

168. ［美］马斯洛：《人类价值新论》，河北人民出版社 1988。

169. ［美］莫蒂默·艾德勒：《西方思想宝库》，西方思想宝库编委会译编，吉林人民出版社 1988 年版。

170. ［法］莫洛亚、弗洛姆等：《人生五大问题》，亚伯拉编译，上海三联书店 2008 年版。

171. ［美］齐格蒙·鲍曼：《生活在碎片之中——论后现代道德》，郁建兴、周俊、周莹译，学林出版社 2002 年版。

172. ［美］斯皮内洛：《世纪道德：信息技术的伦理方面》，中央编译出版社 1999 年版。

173. ［英］塞缪尔·斯迈尔斯：《品德的力量》，海峡文艺出版社 2004 年版。

174. ［奥地利］维克多·弗兰克：《活出意义来》，生活·读书·新知三联书店 1991 年版。

175. ［日］西田几多朗：《善的研究》，商务印书馆 1965 年版。

176. ［德］雅斯贝尔斯：《什么是教育》，邹进译，生活·读书·新知三联书店 1991 年版。

177. ［美］约翰·罗尔斯：《正义论》，何怀宏等译，中国社会科学出版社 1988 年版。

178. Elisa J. Moral Education, *Secular and Religious*, Malabar, Florida: Robert Publishing Company, 1989.

179. Franke, K. J., Durlak, J. A., *Impact of Life Factors upon Attitudes toward Death*, Omega Press, 1990.

180. John. S. Brubacher, *Bases for Policy in Higher Education*, New York: McGraw Hill, 1965.

181. Raths L., Harmin M., Simon S., *Values and Teaching*, Second Edition, Columbus, Ohio: Merrill1978.

182. Thomas Lickona, *Educating for Character*, Bantam books, 1992.

二 论文

1. 程乐、冯文全：《塑造完美之人——从生命道德教育谈起》，《道德教育研究》2008 年第 3 期。

2. 程红艳：《生命与教育——呼唤教育的生命意识》，《华中师范大学学报》2001 年第 2 期。

3. 程红艳：《生命与道德——兼从生命的角度谈道德教育》，《教育理论与实践》2002 年第 3 期。

4. 陈丽英、潘建华：《和谐社会背景下高校生命道德教育的理论构建》，《吉林省教育学院学报》2008 年第 9 期。

5. 程乐、冯文全：《塑造完美之人——从生命道德教育谈起》，《当代教育论坛》2008 年第 3 期。

6. 陈飞：《生命叙事：一种值得运用的道德教育实践策略》，《现代大学教育》2008 年第 2 期。

7. 陈晓强：《互联网的德育价值及其实现策略》，《学校党建与思想教育》2004 年第 5 期。

8. 曹华：《论学生自律能力的培养》，《高校社科动态》2007 年第 3 期。

9. 曹晶：《生命体验的教育意蕴》，《河南大学学报》（社会科学版）2007 年第 7 期。

10. 邓才彪：《浅谈道德教育他律与自律的问题》，《山东师范大学学报》（社会科学版）1997 年第 1 期。

11. 丁永为：《费希特论大学师生关系的人学基础》，《宁波大学学报》（教育科学版）2008 年第 2 期。

12. 冯建军：《"德育与生活"关系之再思考——兼论"德育就是生活德育"》，《华中师范大学学报》（社会科学版）2012 年第 4 期。

13. 冯建军：《生命视野中的道德与道德教育》，《江西教育科研》

2006 年第 6 期。

14. 冯建军：《生命道德教育的提出及内涵》，《现代教育论丛》2003 年第 6 期。

15. 冯建军：《生命教育论纲》，《湖南师范大学教育科学学报》2004 年第 4 期。

16. 甘绍平：《以人为本的生命价值理念》，《中国人民大学学报》2005 年第 3 期。

17. 贺香玉：《生命道德教育：高校思想政治教育的首要使命》，《学校党建与思想政治教育》2009 年第 6 期。

18. 桂溪涓、汪娟：《试论大学生和谐生命建构问题》，《思想教育研究》2012 年第 3 期。

19. 高锦泉：《青少年生命教育基本理论探讨》，《佛山科学技术学院学报》（社会科学版）2003 年第 4 期。

20. 顾红亮：《民族精神与和谐社会的文化认同》，《华中科技大学学报》（社会科学版）2005 年第 3 期。

21. 何仁富：《尼采道德哲学的现代阐释》，《四川大学学报》2003 年第 6 期。

22. 贺香玉：《生命道德教育——高校思想政治教育的首要使命》，《高校党建与思想政治教育》2009 年第 6 期。

23. 黄慧珍：《论信仰的本质及其历史形态》，《哲学研究》2000 年第 5 期。

24. 黄德锋：《"和"文化与大学生命教育》，《南昌大学学报》（社会科学版）2009 年第 2 期。

25. 黄瑞英、王立平：《高校生命道德教育缺失的伦理反思》，《南京邮电大学学报》（社会科学版）2011 年第 1 期。

26. 胡慧林：《国家文化安全：经济全球化背景下中国文化产业发展策论》，《学术月刊》2000 年第 2 期。

27. 金丽娜：《现代生命关怀理念的哲学思考》，《山东社会科学》2010 年第 7 期。

28. 金丽娜：《和谐生命的价值追求》，《求索》2009 年第 5 期。

29. 金绪泽、宋军丽：《关于用儒家文化对大学生进行生命道德教育的思考》，《教育探索》2010 年第 3 期。

30. 刘慧：《生命视域中的学校生命道德教育特征》，《沈阳师范大学学报》（社会科学版）2004 年第 6 期。

31. 刘慧：《生命道德：学校德育的重要内容》，《思想理论教育》2010 年第 1 期。

32. 刘慧、朱小蔓：《生命叙事与道德教育资源的开发》，《上海教育科研》2003 年第 8 期。

33. 李传忠：《生命道德的两难选择在历史进程中的超越》，《齐鲁学刊》2003 年第 6 期。

34. 李军法：《走向生命关怀的道德教育》，《河南社会科学》2008 年第 7 期。

35. 李延青、赵明明：《新视野下的生命道德教育》，《重庆科技学院学报》2008 年第 7 期。

36. 李凌锋、梁飞琴：《和谐社会视角下对大学生生命价值观的思考》，《成都大学学报》（教育科学版）2008 年第 5 期。

37. 李高峰：《论青少年生命伦理道德教育之必要性》，《西南交通大学学报》（社会科学版）2010 年第 2 期。

38. 李家成：《论中外教育研究中的"生命"概念》，《安徽教育学院学报》2004 年第 2 期。

39. 李靖：《重构中国以人为本的家庭伦理》，《中共杭州市委党校学报》2004 年第 3 期。

40. 廖清胜：《人格的道德生命因子和道德生命态度》，《广西社会科学》2010 年第 1 期。

41. 刘建荣、陈丽英：《和谐社会视角下的高校生命道德教育初探》，《江西社会科学》2008 年第 4 期。

42. 刘建军：《信仰与人生》，《郑州轻工业学院学报》（社会科学版）2001 年第 2 期。

43. 刘雁书、肖水源：《自杀事件的媒体报道对人群自杀行为的影响》，《中国心理卫生杂志》2007 年第 5 期。

44. 林若红：《感恩教育——高职德育生活化的有效途径》，《福州职业技术学院学报》2005 年第 3 期。

45. 吕前昌：《悖离与重建——走向生命关怀的道德教育》，《理论学刊》2010 年第 7 期。

46. 鲁洁：《教育的返本归真》，《华东师范大学学报》（教育科学版）2001年第4期。

47. 梁钊华：《论大学生主体性道德人格的价值及建构》，《教育探索》2008年第1期。

48. 李霞：《论儒道生命观的理性精神及其历史影响》，《安徽大学学报》（社会科学版）2003年第9期。

49. 梅萍：《论生命的信仰与德育的使命》，《教育评论》2006年第2期。

50. 梅萍、陈饶燕：《大学生生命责任感的培养与自杀预防》，《中国高等教育》2006年第21期。

51. 梅萍、林更茂：《论当代青年生命意义的困惑与应对》，《中国青年研究》2006年第1期。

52. 梅萍：《生命的意义与德育的关怀》，《高等教育研究》2005年第10期。

53. 孟涛：《社会主义核心价值体系与先进文化的关系》，《党政干部论坛》2009年第2期。

54. 潘明芸：《从德育的人文关怀角度谈高校生命道德教育的建构》，《兵团教育学院学报》2008年第6期。

55. 潘继承：《试论蛋白质折叠与生命现象的复杂性》，《湖北师范学院学报》2004年第3期。

56. 邱吉：《论社会主义幸福观》，《苏州大学学报》（哲学社会科学版）2001年第7期。

57. 秦宇：《析方方小说中的死亡描写》，《语文学刊》2011年第9期。

58. 乔树桐：《高校发展中应处理好学风、教风、校风的关系》，《前沿》2006年第9期。

59. 宋菊芳：《大学生生命道德教育问题探析》，《思想教育研究》2007年第2期。

60. 孙利天：《21世纪哲学：体验的时代？》，《新华文摘》2001年第7期。

61. 汪刘生：《论教学意境》，《课程·教材·教法》1999年第12期。

62. 王振存：《论"类生命"与"'类生命'教育"》，《河南大学学报》（社会科学版）2005年第6期。

63. 王兆林：《学会责任与学校责任教育再探》，《中国教育学刊》2003年第4期。

64. 万长军：《思想政治教育载体刍议》，《社科纵横》2008年第5期。

65. 汪立夏、邹小华：《李忠价值观的变迁与思想道德教育创新》，《思想教育研究》2011年第6期。

66. 夏婷：《生命道德教育的实施策略研究》，《牡丹江教育学院学报》2006年第6期。

67. 肖川：《个性教育：让人成为他自己》，《陕西教育》（高教版）2007年第10期。

68. 许平、陆松柏：《生命道德教育：青少年德育的时代拓耕》，《青少年研究》2011年第4期。

69. 项燕：《论思想政治教育环境的优化》，《理论界》2005年第1期。

70. 谢守成、王长华：《基于高校视角的大学生非正常死亡对策研究》，《思想教育研究》2012年第5期。

71. 肖玉明：《社会公平及其调节机制》，《探求》2004年第3期。

72. 徐金才、何云峰：《管理：科学与人文融合的学科教育的支撑》，《江苏教育研究》2006年第6期。

73. 辛继航：《人文价值——科学课程价值取向的必然选择》，《教育评论》1998年第2期。

74. 杨思平：《生命道德教育及其伦理构建》，《继续教育研究》2009年第5期。

75. 杨茂明：《试析尼采的个性整体主义》，《深圳大学学报》（人文社会科学版）2007年第7期。

76. 杨建义：《论社会主义核心价值体系的文化属性和建设路径》，《福建师范大学学报》（哲学社会科学版）2008年第1期。

77. 易连云：《传统道德中的生命意义解读：论"生命·实践"道德体系的构建》，《教育学报》2005年第5期。

78. 叶澜：《教育创新呼唤"具体个人"意识》，《中国社会科学》2003年第1期。

79. 余潇枫:《人格与人的"价值生命"》,《求是学刊》1999年第1期。

80. 赵野田、潘月游:《论生命价值的道德支撑》,《东北师大学报》2010年第2期。

81. 章文丽:《实施生命道德教育提高德育时效性》,《文教资料》2005年第4期。

82. 张曙光:《生命及其意义——人的自我寻找与发现》,《学习与探索》1999年第5期。

83. 张晋兰:《加强大学生人文素质教育的研究》,《兰州大学学报》(社会科学版)2000年第2期。

84. 张世爱:《批判与期盼:基于生命价值取向的生命道德教育》,《河南师范大学学报》(哲学社会科学版)2010年第1期。

85. 赵惜群:《德育生活化理论探源》,《郑州大学学报》(哲学社会科学版)2008年第3期。

86. 郑永廷:《论当代西方国家思想道德教育方法》,《学术研究》2000年第3期。

87. 章坤:《大学生的生命意识及其培养》,《中国青年研究》(社会综合版)2009年第11期。

88. 张勇:《敬畏生命:中国传统文化的一个关键词》,《现代大学教育》2009年第2期。

89. 章文丽:《实施生命道德教育提高德育时效性》,《文教资料》2005年第4期。

90. 韩雅楠:《大学生生命道德教育》,硕士学位论文,首都师范大学,2009年。

91. 刘慧:《生命道德教育——基于新生物学范式的建构》,博士学位论文,南京师范大学,2002年。

92. 刘淑娜:《论道德教育的生命理念》,博士学位论文,东北师范大学,2007年。

93. 刘英:《思想政治教育与生命教育的契合》,硕士学位论文,湖南师范大学,2006年。

94. 卢锦珍:《青少年死亡教育之探索》,硕士学位论文,广西师范大学,2004年。

95. 潘月游:《论生命价值的道德支撑》,硕士学位论文,东北师范大学,2009 年。

96. 潘玉芹:《当代大学生生命道德教育研究》,硕士学位论文,南京林业大学,2007 年。

97. 王明洲:《新生命教育的哲学思考》,博士学位论文,苏州大学,2007 年。

98. 王敏:《高等学校开展挫折教育的理论与实践研究》,硕士学位论文,东北林业大学,2005 年。

99. 辛继湘:《体验教学研究》,博士学位论文,西南师范大学,2003 年。

100. 虞萍:《中西方生命道德教育比较》,硕士学位论文,南京林业大学,2008 年。

后　　记

　　本书是在我博士论文的基础上略加修改而完成的。论文的写作充满了艰辛，在论文即将付梓之际，回想起论文写作过程中得到的帮助，西北金城的冬夜充满了暖意。

　　首先，感谢我的恩师王学俭教授。王老师知识渊博，治学严谨，胸怀宽广，待人谦和。论文倾注了老师大量的心血，同时还给予了我生活和工作中的关心和帮助。老师的恩情终生难忘！

　　感谢王维平教授、丁志刚教授、张新平教授、刘先春教授和马云志教授在开题时给予的宝贵意见。

　　感谢我的父母和家人。父母给予了我生命和无私的爱。尤其是2003—2013年这十年，从硕士到博士，父母对于我以及我的家庭的付出与帮助，是无法用语言描述的。有人说，居住的理想状态是与父母保持"一碗汤的距离"，其实，倒是我们常常在享受着这"一碗汤"。我的先生郭建东是一个不善言辞的人，他以自己的方式默默地支持着我，忍受着我的坏脾气，让我不能轻言放弃。我的儿子郭畅博，是一个非常善良、懂事、可爱的好孩子，他忍受着我近乎苛刻的管教，希望他能理解并能健康快乐地成长。"为人女，为人妻，为人母"，一段时期内我的这些角色是缺失的，没有尽到应尽的责任。因为性格，我从来没有当面表达过对他们的感激与愧疚之情，在这里，我要说声：谢谢你们！谢谢你们的理解、支持与包容！

　　感谢我的好姐妹辛文，感谢她不时的询问与激励，她历尽生活的磨砺却依然坚强、乐观地生活和工作，永不言败，她亦是我的榜样和前进的动力；感谢我的老朋友孙志恒、李逸尘、刘向文和王希玉老师对我的关心、宽慰和帮助；感谢王明芳老师，难忘在榆中宿舍的促膝长谈，感谢她的点拨与鼓励；感谢蒋慕群老师对我的鼓励和帮助，她对待工作的一丝不苟和对学生不厌其烦的态度，让我钦佩；感谢我的师姐万秀丽老师在每一个关键环节给予的指导和建议，在我消沉时，给予我的自信；感谢师弟宫长瑞老师、李东坡老师对我的支持。

感谢各位同事平时对我工作、生活的关心和帮助。

感谢从未谋面的刘慧教授、梅萍教授、冯建军教授、刘铁芳教授、刘济良教授、辛继湘教授、朱小蔓教授、王晓虹教授等前辈，正是在你们潜心研究的基础上，我才得以前行。

此书得以出版，我的研究生牛健蕊、王芳莉、董淑萍、张秀英、李艳红、王娇、张鲜鲜、刘飞燕亦有贡献，谢谢她们。

最后，感谢学院的资助以及中国社会科学出版社编辑任明老师及责任校对郝阳洋老师的辛勤工作！

借用茅盾先生的话，站在四十的计数点上，回头看自己走过的路……路不平坦……不过，摸索而碰壁，跌倒了又爬起，迂回而再进，这却各人有各人不同的经验。的确，回头望，最大的感受是：坚持，一定要坚持，在坚持不了的时候再坚持一下，一定就可以了。

"一路上有你，苦一点也愿意。"感谢所有关心和帮助过我的人，祝你们在生命中的每一天快乐、平安、幸福！

彭舸珺

2013年5月29日一稿于师大家中

2016年12月18日二稿于兰州大学